●目次

# 数学 III

## 1 関数と極限

1 分数関数・無理関数 …………………… 4
2 逆関数・合成関数 ……………………… 6
3 関数の応用 ……………………………… 8
4 数列の極限 ……………………………… 10
5 無限等比数列の極限 …………………… 12
6 無限級数 ………………………………… 14
7 無限等比級数 …………………………… 16
8 無限級数の応用 ………………………… 18
9 関数の極限 ……………………………… 20
10 指数・対数・三角関数の極限 …… 22
11 関数の連続性 …………………………… 24
12 関数の極限の応用 ……………………… 26

## 2 微分法

13 導関数／関数の積・商の微分法 … 28
14 合成関数・逆関数の微分法 ……… 30
15 三角・指数・対数関数の微分法 … 32
16 媒介変数と導関数／高次導関数 … 34
17 微分可能性／微分係数 …………… 36
18 いろいろな関数の導関数 ………… 38
19 接線と法線の方程式 ……………… 40
20 媒介変数と接線／平均値の定理 … 42
21 関数の増減と極値 ………………… 44
22 関数とそのグラフ ………………… 46
23 接線，関数の増減の応用 ………… 48
24 最大値・最小値 …………………… 50
25 方程式・不等式への応用 ………… 52
26 速度・加速度／近似値 …………… 54

## 3 積分法

27 不定積分 ………………………………… 56
28 置換積分法 ……………………………… 58
29 部分積分法 ……………………………… 60
30 いろいろな関数の不定積分 ……… 62
31 定積分 …………………………………… 64
32 定積分の置換積分法 …………………… 66
33 定積分の部分積分法 …………………… 68
34 微分と積分の関係 ……………………… 70
35 定積分の応用 …………………………… 72
36 定積分と和の極限／
   定積分と不等式 ……………………… 74
37 定積分と不等式／
   定積分と極限値 ……………………… 76
38 面積 ……………………………………… 78
39 体積 ……………………………………… 80
40 いろいろな面積・体積 ………………… 82
41 曲線の長さ／速度・道のり ……… 84
42 微分方程式 ……………………………… 86

数学 III　復習問題 …………………… 88

JN073228

# 本書の構成と利用法

　本書は，教科書の内容を着実に理解し，問題演習を通して応用力を養成できる
よう編集しました。

　とくに，自学自習でも十分学習できるように，**例題を豊富に取り上げました。**

| | |
|---|---|
| **例　　題** | 基本事項の確認から応用力の養成まで，幅広く例題として取り上げました。 |
| 類 | 例題に対応した問題を明示しました。 |
| | 例題で学んだことを確実に身につけるために，あるいは，問題のヒントとして活用してください。 |
| **エクセル** | 特に覚えておいた方がよい解法の要点をまとめました。 |
| **A　問　題** | 教科書の内容を着実に理解するための問題です。 |
| **B　問　題** | 応用力を養成するための問題です。代表的な問題は，例題で取り上げてありますが，それ以外の問題には，適宜 **ヒント** を示しました。 |
| ↵ 例題 1 | 対応する例題を明示しました。 |
| | 問題のヒントとして活用してください。 |
| **Step Up 例題** | 教科書に取り上げられていない発展的な問題や難易度の高い問題を，例題として取り上げました。 |
| **Step Up 問題** | Step Up 例題の類題で，より高度な応用力を養成する問題です。 |
| **＊　　印** | 時間的に余裕がない場合，＊印の問題を解いていけば，ひととおり学習できるよう配慮しました。 |
| **復　習　問　題** | 各章で学んだ内容を復習する問題です。反復練習を積みたいときや，試験直前の総チェックに活用してください。 |

---

| | | | |
|---|---|---|---|
| **問 題 数** | 例題　85 題 | A問題　106 題 | B問題　117 題 |
| | Step Up 例題　31 題 | Step Up 問題　62 題 | |
| | 復習問題　50 題 | | |

# 数学III

# 1 分数関数・無理関数

## 例題 1　分数関数のグラフ　　類1

次の関数のグラフをかけ。また，漸近線の方程式を求めよ。

(1) $y=\dfrac{2}{x}$　　　　　　　　(2) $y=\dfrac{2x-3}{x-1}$

**解** (1) 漸近線は 2 直線 $x=0$, $y=0$

(2) $y=-\dfrac{1}{x-1}+2$

◉ $y=-\dfrac{1}{x}$ を
$x$ 軸方向に 1，
$y$ 軸方向に 2
だけ平行移動

と変形できるから，
漸近線は 2 直線
$x=1$, $y=2$

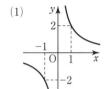
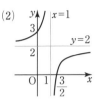

**エクセル** $y=\dfrac{k}{x-p}+q$ ➡ $y=\dfrac{k}{x}$ を $x$ 軸方向に $p$，$y$ 軸方向に $q$ だけ平行移動
のグラフ　　　　漸近線は　2 直線 $x=p$, $y=q$

## 例題 2　無理関数のグラフ　　類2

次の関数のグラフをかけ。また，その定義域と値域を求めよ。

(1) $y=\sqrt{3x}$　　　　　　　　(2) $y=\sqrt{2x+4}+1$

**解** (1) 定義域は $x\geqq 0$，値域は $y\geqq 0$

(2) $y=\sqrt{2(x+2)}+1$

◉ $y=\sqrt{2x}$ を
$x$ 軸方向に $-2$，
$y$ 軸方向に 1
だけ平行移動

と変形できるから，
定義域は $x\geqq -2$，
値域は $y\geqq 1$

**エクセル** $y=\sqrt{a(x-p)}+q$ ➡ $y=\sqrt{ax}$ を $x$ 軸方向に $p$，$y$ 軸方向に $q$ だけ平行移動
のグラフ　　　　定義域は ($\sqrt{\phantom{x}}$ の中)$\geqq 0$ となる $x$ の値全体

## 例題 3　グラフ利用による無理不等式の解法　　類8

無理関数 $y=\sqrt{-x+5}$ のグラフを利用して，不等式 $\sqrt{-x+5}<x+1$ を解け。

**解** $y=\sqrt{-x+5}$ と $y=x+1$ のグラフの共有点の $x$ 座標は，
方程式　$\sqrt{-x+5}=x+1$ ……① の解である。
①の両辺を 2 乗すると　$-x+5=(x+1)^2$
整理して　$x^2+3x-4=0$ より　$(x+4)(x-1)=0$
右の図より，求める共有点の $x$ 座標は　$x=1$
求める不等式の解は，$y=\sqrt{-x+5}$ のグラフが直線
$y=x+1$ の下側にある $x$ の値の範囲であるから，上の図より　$1<x\leqq 5$

**エクセル** 無理不等式の解法 ➡ 2 つの関数のグラフの上下関係を調べる

## A

**1** 次の関数のグラフをかけ。また，漸近線の方程式を求めよ。 ↩例題1

*(1) $y=-\dfrac{3}{x}$ (2) $y=\dfrac{2}{x+1}$ (3) $y=-\dfrac{2}{x}+3$

(4) $y=\dfrac{1}{x-2}-1$ *(5) $y=\dfrac{x}{x+3}$ *(6) $y=\dfrac{2x-1}{2x-3}$

**2** 次の関数のグラフをかけ。また，その定義域と値域を求めよ。 ↩例題2

*(1) $y=\sqrt{-3x}$ (2) $y=-\sqrt{3x}$ (3) $y=\sqrt{x-3}$

*(4) $y=\sqrt{4-x}$ (5) $y=-\sqrt{2x+6}$ *(6) $y=-\sqrt{2-2x}-1$

*\**3** 次の関数の $1\leqq x\leqq 3$ における最大値，最小値を求めよ。

(1) $y=\dfrac{2x-2}{x+1}$ (2) $y=\dfrac{3x+2}{3x-1}$

*\**4** 次の関数の値域が $1\leqq y\leqq 2$ となるように，定義域を定めよ。

(1) $y=\sqrt{x+1}$ (2) $y=\sqrt{-2x-4}$

## B

**5** 次の関数のグラフをかけ。

(1) $(x-1)(y+1)=-1$ *(2) $xy=2(x+y)$

**6** 関数 $y=\dfrac{3-2x}{x-1}$ $(-1\leqq x\leqq a)$ の値域が $-4\leqq y\leqq b$ であるとき，定数 $a$, $b$ の値を求めよ。

**7** 次のような直角双曲線を表す分数関数を求めよ。

(1) 2直線 $x=1$, $y=3$ を漸近線とし，点 $(0, 4)$ を通る。

(2) 2直線 $x=2$, $y=-1$ を漸近線とし，点 $\left(4, \dfrac{1}{2}\right)$ を通る。

*\**8** グラフを利用して，次の不等式を解け。 ↩例題3

(1) $x+3\leqq -\dfrac{2x}{x+2}$ (2) $\sqrt{1-x}>3x-1$

**9** 関数 $y=\dfrac{ax+b}{2x+1}$ のグラフが点 $(1, 0)$ を通り，直線 $y=1$ を漸近線にもつとき，定数 $a$, $b$ の値を求めよ。

## 2 逆関数・合成関数

例題 4 **逆関数のグラフ** 類10

関数 $y=x^2-3$ $(x\geqq0)$ の逆関数を求め，そのグラフをかけ。

**解** $y=x^2-3$ より

$\qquad x^2=y+3$

$x\geqq0$ であるから

$\qquad x=\sqrt{y+3}$

逆関数は，$x$ と $y$ を入れかえて

$\qquad \boldsymbol{y=\sqrt{x+3}}$

$y=\sqrt{x+3}$ のグラフは，
$y=x^2-3$ $(x\geqq0)$ の
グラフと直線 $y=x$
に関して対称

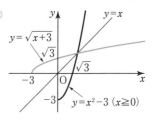

**エクセル** 逆関数を求めるには ➡ 与式から $x=\cdots\cdots$ と変形して $x$ と $y$ を入れかえる

---

例題 5 **逆関数の定義域, 値域** 類12

関数 $y=\dfrac{x+3}{x+1}$ $(0\leqq x\leqq3)$ の逆関数とその定義域，値域を求めよ。

**解** $y=\dfrac{x+3}{x+1}=\dfrac{2}{x+1}+1$ と変形できるから

$0\leqq x\leqq3$ でグラフをかくと，

右の図の実線部分になる。

よって，この関数の値域は $\dfrac{3}{2}\leqq y\leqq3$

また $y(x+1)=x+3$ より $(y-1)x=-y+3$

$y\neq1$ であるから $x=\dfrac{-y+3}{y-1}$

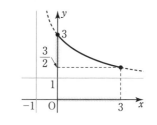

逆関数は $x$ と $y$ を入れかえて $\boldsymbol{y=\dfrac{-x+3}{x-1}}$，定義域は $\dfrac{\boldsymbol{3}}{\boldsymbol{2}}\leqq\boldsymbol{x}\leqq\boldsymbol{3}$，値域は $\boldsymbol{0}\leqq\boldsymbol{y}\leqq\boldsymbol{3}$

**エクセル** $y=f^{-1}(x)$ の定義域, 値域 ➡ $y=f(x)$ の定義域と値域を入れかえる

---

例題 6 **合成関数** 類13

$f(x)=-x+2$，$g(x)=x^2+1$ のとき，次の合成関数を求めよ。

(1) $(g\circ f)(x)$ $\qquad\qquad$ (2) $(f\circ g)(x)$

**解** (1) $(g\circ f)(x)=g(f(x))=g(-x+2)$

$\qquad\qquad =(-x+2)^2+1=\boldsymbol{x^2-4x+5}$

(2) $(f\circ g)(x)=f(g(x))=f(x^2+1)$

$\qquad\qquad =-(x^2+1)+2=\boldsymbol{-x^2+1}$

**合成関数の定義**

$(g\circ f)(x)=g(f(x))$
$(f\circ g)(x)=f(g(x))$

**エクセル** 合成関数 $(g\circ f)(x)=g(f(x))$ ➡ $g(x)$ の $x$ に $f(x)$ を代入する

**A**

**10** 次の関数の逆関数を求め，そのグラフをかけ。 ↵ 例題4

(1) $y=2x-3$      *(2) $y=\sqrt{x-3}$

*(3) $y=\dfrac{x}{x-2}$      *(4) $y=x^2-4 \quad (x\geqq 0)$

(5) $y=3^x$      *(6) $y=\log_2(x+1)$

**11** 1次関数 $f(x)=ax+b$ について，$f(1)=-1$，$f^{-1}(1)=2$ であるとき，定数 $a$，$b$ の値を求めよ。

***12** 関数 $y=\dfrac{x-1}{x+2}$ $(-1\leqq x\leqq 2)$ の逆関数とその定義域，値域を求めよ。 ↵ 例題5

**13** 関数 $f(x)=3x-1$，$g(x)=x^2+2$ について，次のものを求めよ。 ↵ 例題6

(1) $(g\circ f)(1)$，$(f\circ g)(1)$      *(2) $(g\circ f)(x)$，$(f\circ g)(x)$

(3) $(f\circ f)(x)$      (4) $(f\circ f^{-1})(x)$

***14** 1次関数 $f(x)=ax+b$ について，すべての実数 $x$ に対して $(f\circ f)(x)=4x-3$ が成り立つとき，定数 $a$，$b$ の値を求めよ。

**B**

**15** 関数 $f(x)=\dfrac{3x-4}{x-2}$ において，$y=f(x)$ の値域が $y\leqq 1$，$4\leqq y$ であるとき，$y=f^{-1}(x)$ の値域を求めよ。

***16** 関数 $f(x)=\dfrac{2x+1}{x+p}$ の逆関数 $f^{-1}(x)$ がもとの関数と一致するように，定数 $p$ の値を定めよ。

**17** 関数 $f(x)=x^2-6 \quad (x\geqq 0)$ と逆関数 $f^{-1}(x)$ のグラフとの共有点の座標を求めよ。

---

**ヒント** **16** $y=\dfrac{2x+1}{x+p}=\dfrac{1-2p}{x+p}+2$ より，$1-2p=0$ のとき $y=2$ となり逆関数をもたない。

よって，$p\neq\dfrac{1}{2}$，$y\neq 2$ である。

**17** $y=f(x)$ と $y=f^{-1}(x)$ のグラフは直線 $y=x$ に関して対称であるから，直線 $y=x$ との共有点の座標を求める。

**Step UP 例題 7** 無理方程式の実数解の個数

方程式 $2\sqrt{x+4}=x+k$ が異なる 2 つの実数解をもつように，実数 $k$ の値の範囲を定めよ。

**解** $y=2\sqrt{x+4}$ …①，$y=x+k$ …② とすると，

①，②のグラフの共有点が 2 個ある条件を求めればよい。

方程式 $2\sqrt{x+4}=x+k$ の両辺を 2 乗すると

$$4(x+4)=x^2+2kx+k^2$$

よって $x^2+2(k-2)x+k^2-16=0$ …③

③の判別式を $D$ とすると，$D>0$ であるとき，

③は異なる 2 つの実数解をもつ。

$$\frac{D}{4}=(k-2)^2-(k^2-16)=-4k+20>0$$

ゆえに $k<5$

また，グラフより，②が点 $(-4,\ 0)$ を通るとき

$k=4$ であるから，求める値の範囲は $4\le k<5$

*18 直線 $y=x+k$ が曲線 $y=\sqrt{x-1}$ と共有点をもたないように，定数 $k$ の値の範囲を定めよ。

*19 曲線 $y=\sqrt{4(x-1)}$ と直線 $y=ax+1$ の共有点の個数を調べよ。

20 不等式 $\sqrt{ax+b}>\dfrac{3}{5}x-\dfrac{1}{5}$ を満たす $x$ の値の範囲が $2<x<7$ であるとき，定数 $a$，$b$ の値を求めよ。

**Step UP 例題 8** 合成関数と逆関数

関数 $f(x)=\dfrac{5x+2}{3x+1}$，$g(x)=\dfrac{x-2}{ax+b}$ について，$(f\circ g)(x)=x$ が成り立つとき，定数 $a$，$b$ の値を求めよ。

**解** $(f\circ g)(x)=f(g(x))=x$ より $f^{-1}(x)=g(x)$ であるから ◀ 逆関数の定義から
$f(\bigcirc)=\triangle \Leftrightarrow f^{-1}(\triangle)=\bigcirc$

$y=\dfrac{5x+2}{3x+1}$ とおいて $f^{-1}(x)$ を求める。 ◀ $y=\dfrac{5x+2}{3x+1}=\dfrac{\frac{1}{3}}{3x+1}+\dfrac{5}{3}$ より $y\ne\dfrac{5}{3}$

$x$ について解くと $x=\dfrac{-y+2}{3y-5}$ $x$ と $y$ を入れかえて $y=f^{-1}(x)=\dfrac{-x+2}{3x-5}$

よって，$f^{-1}(x)=\dfrac{x-2}{-3x+5}$ と $g(x)=\dfrac{x-2}{ax+b}$ ◀ 分子の $x-2$ に式をそろえた

が一致するから，係数を比較して $a=-3$，$b=5$

*21 関数 $f(x)=\dfrac{3x-1}{2x+1}$, $g(x)=\dfrac{ax+1}{bx+c}$ について, $(f\circ g)(x)=x$ が成り立つと

き, 次の問いに答えよ。

(1) 定数 $a$, $b$, $c$ の値を求めよ。　(2) $(g\circ f)(x)$, $(g\circ g)(x)$ を求めよ。

22 関数 $f(x)=\dfrac{x+3}{x-2}$, $g(x)=\dfrac{ax+b}{x+c}$ について, $(f\circ g)(x)=\dfrac{1}{x}$ が成り立つと

き, 定数 $a$, $b$, $c$ の値を求めよ。

23 関数 $f(x)=a^x$ $(a>0,\ a\neq1)$, $g(x)=\log_5 x$ について, $(g\circ f)(x)=2x$ が

成り立つとき, 定数 $a$ の値を求めよ。

---

**Step UP 例題 9　合成関数のグラフ**

$f(x)=\begin{cases} x-1 & (x\geqq1) \\ 0 & (x<1) \end{cases}$, $g(x)=x^2-3$ のとき, 合成関数 $y=(f\circ g)(x)$ の

グラフをかけ。

**解**　$(f\circ g)(x)=f(g(x))$

$\qquad =\begin{cases} g(x)-1 & (g(x)\geqq1) \\ 0 & (g(x)<1) \end{cases}$

$\qquad =\begin{cases} x^2-4 & (x\leqq-2,\ 2\leqq x) \\ 0 & (-2<x<2) \end{cases}$

よって, グラフは下の図のようになる。

◯ $f(x)$ の $x$ に $g(x)$ を代入する

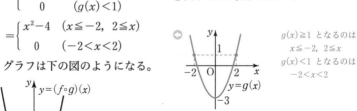

$g(x)\geqq1$ となるのは
$x\leqq-2,\ 2\leqq x$
$g(x)<1$ となるのは
$-2<x<2$

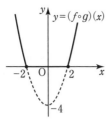

(注意)　合成関数のグラフをかく場合, 定義域の取り方に注意する。この例題で

は, $f(x)$ が $x\geqq1$ と $x<1$ で関数が異なるので, $g(x)\geqq1$ および $g(x)<1$ と

なる $x$ の値の範囲を求めて定義域を考える。

---

*24 $f(x)=|x-1|$ のとき, 次の問いに答えよ。

(1) 合成関数 $y=(f\circ f)(x)$ のグラフをかけ。

(2) $(f\circ f)(x)=\dfrac{1}{2}$ を満たす $x$ の値を求めよ。

# 4 数列の極限

## 例題 10  基本的な数列の極限     類27,28

次の極限を調べよ。

(1) $\displaystyle\lim_{n\to\infty}\frac{3n^2+2n}{1-n^2}$

(2) $\displaystyle\lim_{n\to\infty}(6n-n^2)$

**解**

(1) (与式)$=\displaystyle\lim_{n\to\infty}\frac{3+\dfrac{2}{n}}{\dfrac{1}{n^2}-1}=\frac{3+0}{0-1}=-3$

(2) (与式)$=\displaystyle\lim_{n\to\infty}n^2\left(\frac{6}{n}-1\right)=-\infty$

> **数列の極限**
>
> $\displaystyle\lim_{n\to\infty}\frac{1}{n}=0$
>
> $\displaystyle\lim_{n\to\infty}\frac{1}{n^k}=0 \quad (k>0)$

**エクセル** $\displaystyle\lim_{n\to\infty}\frac{(n \text{ の } p \text{ 次式})}{(n \text{ の } q \text{ 次式})}$ が $\dfrac{\infty}{\infty}$ 型 ➡ 分母と分子を $n^q$ で割る

**エクセル** $\displaystyle\lim_{n\to\infty}(n \text{ の } r \text{ 次式})$ が $\infty-\infty$ 型 ➡ $n^r$ でくくる

## 例題 11  有理化など工夫して求める数列の極限     類29

$\displaystyle\lim_{n\to\infty}\frac{1}{\sqrt{n^2+n}-n}$ を求めよ。

**解** (与式)$=\displaystyle\lim_{n\to\infty}\frac{\sqrt{n^2+n}+n}{(\sqrt{n^2+n}-n)(\sqrt{n^2+n}+n)}$     ○ 分母を有理化

$=\displaystyle\lim_{n\to\infty}\frac{\sqrt{n^2+n}+n}{n}$     ○ 分母と分子を $\sqrt{n^2}=n$ で割る

$=\displaystyle\lim_{n\to\infty}\frac{\sqrt{1+\dfrac{1}{n}}+1}{1}=2$

**エクセル** $\displaystyle\lim_{n\to\infty}(n \text{ の無理式})$ が $\infty-\infty$ を含む ➡ $\infty-\infty$ となる部分を有理化

## 例題 12  はさみうちの原理の利用     類30,33

$\displaystyle\lim_{n\to\infty}\frac{1}{n}\cos\frac{n\pi}{4}$ を求めよ。

**解** $-1\leqq\cos\dfrac{n\pi}{4}\leqq1$ であるから,

すべての自然数 $n$ について  $-\dfrac{1}{n}\leqq\dfrac{1}{n}\cos\dfrac{n\pi}{4}\leqq\dfrac{1}{n}$

ここで, $\displaystyle\lim_{n\to\infty}\left(-\frac{1}{n}\right)=0$, $\displaystyle\lim_{n\to\infty}\frac{1}{n}=0$ であるから

$\displaystyle\lim_{n\to\infty}\frac{1}{n}\cos\frac{n\pi}{4}=0$

> **はさみうちの原理**
>
> $a_n\leqq c_n\leqq b_n$ かつ
> $\displaystyle\lim_{n\to\infty}a_n=\lim_{n\to\infty}b_n=\alpha$
> ならば $\displaystyle\lim_{n\to\infty}c_n=\alpha$

**エクセル** 求めにくい極限値 ➡ 不等式で「はさみうち」

## A

\***25** 一般項が次の式で表される数列について，収束，発散を調べ，収束するときはその極限値を求めよ。

(1) $2^{n-1}$ (2) $\dfrac{3}{n}$ (3) $\left(-\dfrac{1}{2}\right)^{n-1}$ (4) $\cos\dfrac{n\pi}{4}$

\***26** 次の極限値を求めよ。

(1) $\displaystyle\lim_{n\to\infty}\left(\dfrac{1}{n}+\dfrac{3}{n^2}\right)$ (2) $\displaystyle\lim_{n\to\infty}\left(1-\dfrac{3}{2^n}\right)$ (3) $\displaystyle\lim_{n\to\infty}\left(1-\dfrac{1}{n}\right)\left(1+\dfrac{2}{n}\right)$

■次の極限を調べよ。[**27〜29**]

\***27** (1) $\displaystyle\lim_{n\to\infty}\dfrac{n^2-3n+1}{n^2+5n-2}$ (2) $\displaystyle\lim_{n\to\infty}\dfrac{4n}{n^2-3}$ (3) $\displaystyle\lim_{n\to\infty}\dfrac{n+1}{\sqrt{2n+1}}$ ↩ 例題10

\***28** (1) $\displaystyle\lim_{n\to\infty}(2n^2-3n)$ (2) $\displaystyle\lim_{n\to\infty}(-n^3+n)$ (3) $\displaystyle\lim_{n\to\infty}(n-2\sqrt{n})$ ↩ 例題10

\***29** (1) $\displaystyle\lim_{n\to\infty}\dfrac{1}{\sqrt{n+3}-\sqrt{n+1}}$ (2) $\displaystyle\lim_{n\to\infty}(\sqrt{n-3}-\sqrt{n-1})$ ↩ 例題11

(3) $\displaystyle\lim_{n\to\infty}\dfrac{4}{\sqrt{n^2+2n}-n}$

**30** 次の極限値を求めよ。 ↩ 例題12

(1) $\displaystyle\lim_{n\to\infty}\dfrac{1}{n}\sin\dfrac{n\pi}{6}$ (2) $\displaystyle\lim_{n\to\infty}\dfrac{\cos 2n}{n}$ (3) $\displaystyle\lim_{n\to\infty}\dfrac{\cos n\theta}{n^2}$

## B

**31** 次の極限値を求めよ。

(1) $\displaystyle\lim_{n\to\infty}\{\log_2(n-1)-\log_2 2n\}$ (2) $\displaystyle\lim_{n\to\infty}\dfrac{\sqrt{n+1}-\sqrt{n-1}}{\sqrt{n+2}-\sqrt{n-2}}$

\*(3) $\displaystyle\lim_{n\to\infty}\dfrac{1^2+2^2+\cdots+n^2}{n^3}$ \*(4) $\displaystyle\lim_{n\to\infty}\dfrac{1\cdot2+2\cdot3+\cdots+n(n+1)}{1^2+2^2+\cdots+n^2}$

\***32** $S_n=\displaystyle\sum_{k=1}^{n}k$ とおくとき，$\displaystyle\lim_{n\to\infty}(\sqrt{S_{n+1}}-\sqrt{S_n})$ を求めよ。

**33** 次の極限値を求めよ。 ↩ 例題12

\*(1) $\displaystyle\lim_{n\to\infty}\dfrac{1+\sin n\theta}{n}$ (2) $\displaystyle\lim_{n\to\infty}\dfrac{2\cos^2 n\theta}{n}$

ヒント **33** (1) $0\leqq 1+\sin n\theta\leqq 2$ より，はさみうちの原理の利用。

# 5 無限等比数列の極限

## 例題 13　無限等比数列の極限　　　　　　　　　　類 35

次の極限を調べよ。　(1) $\displaystyle\lim_{n\to\infty}\frac{3^{n+1}+5}{3^n-2}$　　(2) $\displaystyle\lim_{n\to\infty}\frac{3^{n+1}+5^n}{3^n-2^{2n}}$

**解**

(1)　(与式)$=\displaystyle\lim_{n\to\infty}\dfrac{3+5\cdot\left(\frac{1}{3}\right)^n}{1-2\cdot\left(\frac{1}{3}\right)^n}=\dfrac{3+0}{1-0}=3$

◯ 分母と分子を $3^n$ で割る

| $\{r^n\}$ の極限 | |
|---|---|
| $r>1$ のとき | $r^n\to\infty$ |
| $r=1$ のとき | $r^n\to1$ |
| $-1<r<1$ のとき | $r^n\to0$ |
| $r\leqq-1$ のとき | $\{r^n\}$ は振動 |

(2)　(与式)$=\displaystyle\lim_{n\to\infty}\dfrac{3^{n+1}+5^n}{3^n-4^n}$

$=\displaystyle\lim_{n\to\infty}\dfrac{3\left(\frac{3}{4}\right)^n+\left(\frac{5}{4}\right)^n}{\left(\frac{3}{4}\right)^n-1}=-\infty$

◯ 分母と分子を $4^n$ で割る

## 例題 14　$r^n$ を含む数列の極限　　　　　　　　　類 37

数列 $\left\{\dfrac{r^{n+1}-1}{r^n+1}\right\}$ の極限を調べよ。ただし $r\neq-1$ とする。

**解**　(i)　$|r|<1$ のとき　$\displaystyle\lim_{n\to\infty}r^n=0,\ \lim_{n\to\infty}r^{n+1}=\lim_{n\to\infty}r\cdot r^n=0$

よって　$\displaystyle\lim_{n\to\infty}\dfrac{r^{n+1}-1}{r^n+1}=\dfrac{0-1}{0+1}=-1$

(ii)　$|r|>1$ のとき　$0<\left|\dfrac{1}{r}\right|<1$ であるから $\displaystyle\lim_{n\to\infty}\left(\dfrac{1}{r}\right)^n=0$

よって　$\displaystyle\lim_{n\to\infty}\dfrac{r^{n+1}-1}{r^n+1}=\lim_{n\to\infty}\dfrac{r-\left(\frac{1}{r}\right)^n}{1+\left(\frac{1}{r}\right)^n}=r$

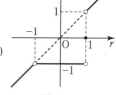

◯ $y=\displaystyle\lim_{n\to\infty}\dfrac{r^{n+1}-1}{r^n+1}$ とすると，グラフは上の図のようになる

(iii)　$r=1$ のとき　$\displaystyle\lim_{n\to\infty}\dfrac{r^{n+1}-1}{r^n+1}=\dfrac{1-1}{1+1}=\dfrac{0}{2}=0$

**エクセル**　$r^n$ を含む数列 ➡ $|r|<1,\ |r|>1,\ r=1,\ r=-1$ で場合分け

## 例題 15　漸化式で定められる数列の極限値(1)　　　　　類 40

$a_1=2,\ a_{n+1}=\dfrac{3}{4}a_n+1$ で定められる数列 $\{a_n\}$ の極限値を求めよ。

**解**　漸化式を $a_{n+1}-4=\dfrac{3}{4}(a_n-4)$ と変形すると，数列 $\{a_n-4\}$ は

初項 $a_1-4=2-4=-2$，公比 $\dfrac{3}{4}$ の等比数列であるから　$a_n-4=-2\left(\dfrac{3}{4}\right)^{n-1}$

よって　$a_n=4-2\left(\dfrac{3}{4}\right)^{n-1}$　ゆえに　$\displaystyle\lim_{n\to\infty}a_n=\lim_{n\to\infty}\left\{4-2\left(\dfrac{3}{4}\right)^{n-1}\right\}=4$　◯ $\displaystyle\lim_{n\to\infty}\left(\dfrac{3}{4}\right)^{n-1}=0$

**エクセル**　漸化式で定められる数列の極限 ➡ 一般項 $a_n$ を求めてから調べる

## A

**34** 次の等比数列 $\{a_n\}$ の一般項を求めよ。また，数列 $\{a_n\}$ の極限を調べよ。

*(1)  $2,\ -4,\ 8,\ -16,\ \cdots\cdots$ 　　　　(2)  $1,\ -\dfrac{1}{3},\ \dfrac{1}{9},\ -\dfrac{1}{27},\ \cdots\cdots$

*(3)  $6,\ 4,\ \dfrac{8}{3},\ \dfrac{16}{9},\ \cdots\cdots$ 　　　(4)  $\sqrt{5},\ 5,\ 5\sqrt{5},\ 25,\ \cdots\cdots$

***35** 一般項が次の式で表される数列について，極限を調べよ。　　　↩ 例題13

(1)  $\dfrac{2^n-5}{3^n}$ 　　　　(2)  $\dfrac{3^{n+1}}{2^n+3^n}$ 　　　　(3)  $\dfrac{5^n-2^n}{4^n+3^n}$

(4)  $3^n-2^{2n}$ 　　　　(5)  $\dfrac{3^n-(\sqrt{2})^n}{(\sqrt{3})^n}$ 　　　(6)  $\dfrac{3^n}{(-2)^n+1}$

**36** 次の数列が収束するような実数 $x$ の値の範囲を求めよ。

(1)  $\{(1-3x)^n\}$ 　　　　(2)  $\{(x^2-4x)^n\}$

***37** 次の各場合について，数列 $\left\{\dfrac{r^{n+1}}{2+r^n}\right\}$ の極限を調べよ。　　↩ 例題14

(1)  $|r|<1$ 　　　(2)  $r=1$ 　　　(3)  $r=-1$ 　　　(4)  $|r|>1$

## B

**38** 次の極限値を求めよ。

(1)  $\displaystyle\lim_{n\to\infty}\dfrac{3^{n+1}+5^{n+1}+7^{n+1}}{3^n+5^n+7^n}$ 　　　(2)  $\displaystyle\lim_{n\to\infty}\dfrac{2\cdot4\cdot6\cdot\cdots\cdot2n}{3\cdot6\cdot9\cdot\cdots\cdot3n}$

**39** 次の極限を調べよ。

*(1)  $\displaystyle\lim_{n\to\infty}\dfrac{1+r^n+r^{2n}}{2-r^{2n}}$ 　　　(2)  $\displaystyle\lim_{n\to\infty}\dfrac{2-\sin^n\theta}{2+\sin^n\theta}$ 　$(0\leqq\theta<2\pi)$

***40** 次の漸化式で定められる数列 $\{a_n\}$ の極限値を求めよ。　　　↩ 例題15

(1)  $a_1=1,\ 3a_{n+1}=a_n+6$

(2)  $a_1=1,\ a_2=2,\ 3a_{n+2}=4a_{n+1}-a_n$

(3)  $a_1=1,\ a_{n+1}=\dfrac{a_n}{a_n+3}$

**41** 数列 $\{a_n\}$ について，$\displaystyle\lim_{n\to\infty}\dfrac{a_n+5}{3a_n-2}=1$ であるとき，$\displaystyle\lim_{n\to\infty}a_n$ を求めよ。

---

**ヒント** **39** (2)  $|\sin\theta|<1,\ \sin\theta=1,\ \sin\theta=-1$ で場合分けする。

　　　**40** (2)  $a_{n+2}-a_{n+1}=\dfrac{1}{3}(a_{n+1}-a_n)$ と変形して $a_{n+1}-a_n=b_n$ とおく。

　　　**41**  $b_n=\dfrac{a_n+5}{3a_n-2}$ とおいて $a_n$ について解く。

# 6 無限級数

次の無限級数の収束, 発散について調べ, 収束するときはその和を求めよ.

(1) $1+\dfrac{1}{1+2}+\dfrac{1}{1+2+3}+\dfrac{1}{1+2+3+4}+\cdots\cdots$

(2) $\dfrac{1}{2}+\dfrac{2}{3}+\dfrac{3}{4}+\dfrac{4}{5}+\cdots\cdots$

**解** (1) $a_n=\dfrac{1}{1+2+3+\cdots\cdots+n}=\dfrac{2}{n(n+1)}=2\left(\dfrac{1}{n}-\dfrac{1}{n+1}\right)$　　●部分分数に分ける

$$S_n=2\left\{\left(\dfrac{1}{1}-\dfrac{1}{2}\right)+\left(\dfrac{1}{2}-\dfrac{1}{3}\right)+\left(\dfrac{1}{3}-\dfrac{1}{4}\right)+\cdots\cdots+\left(\dfrac{1}{n}-\dfrac{1}{n+1}\right)\right\}=2\left(1-\dfrac{1}{n+1}\right)$$

よって, $\displaystyle\lim_{n\to\infty}S_n=2$

ゆえに, この無限級数は収束し, その和は $2$

(2) $\displaystyle\lim_{n\to\infty}a_n=\lim_{n\to\infty}\dfrac{n}{n+1}=\lim_{n\to\infty}\dfrac{1}{1+\dfrac{1}{n}}=1\neq0$

であるから, この無限級数は発散する.

| 無限級数の発散の判定 |
| --- |
| $\displaystyle\sum_{n=1}^{\infty}a_n$ が収束 $\Longrightarrow$ $\displaystyle\lim_{n\to\infty}a_n=0$ <br> （対偶）↓ <br> $\displaystyle\lim_{n\to\infty}a_n\neq0 \Longrightarrow \displaystyle\sum_{n=1}^{\infty}a_n$ は発散 |

**エクセル**　無限級数の和を求めるには ➡ 部分和 $S_n$ を求めて $\displaystyle\lim_{n\to\infty}S_n$

次の無限級数の収束, 発散について調べ, 収束するときはその和を求めよ.

(1) $\left(2-\dfrac{3}{2}\right)+\left(\dfrac{3}{2}-\dfrac{4}{3}\right)+\left(\dfrac{4}{3}-\dfrac{5}{4}\right)+\cdots\cdots+\left(\dfrac{n+1}{n}-\dfrac{n+2}{n+1}\right)+\cdots\cdots$

(2) $2-\dfrac{3}{2}+\dfrac{3}{2}-\dfrac{4}{3}+\dfrac{4}{3}-\cdots\cdots+\dfrac{n+1}{n}-\dfrac{n+2}{n+1}+\dfrac{n+2}{n+1}-\cdots\cdots$

**解** (1) $S_n=\left(2-\dfrac{3}{2}\right)+\left(\dfrac{3}{2}-\dfrac{4}{3}\right)+\left(\dfrac{4}{3}-\dfrac{5}{4}\right)+\cdots\cdots+\left(\dfrac{n+1}{n}-\dfrac{n+2}{n+1}\right)=2-\dfrac{n+2}{n+1}$

よって $\displaystyle\lim_{n\to\infty}S_n=2-1=1$　　ゆえに, この無限級数は収束し, その和は $1$

(2) (i) $n=2m$ （偶数）のとき

$$S_n=S_{2m}=\left(2-\dfrac{3}{2}\right)+\left(\dfrac{3}{2}-\dfrac{4}{3}\right)+\cdots\cdots+\left(\dfrac{m+1}{m}-\dfrac{m+2}{m+1}\right)=2-\dfrac{m+2}{m+1}$$

よって $\displaystyle\lim_{n\to\infty}S_n=\lim_{m\to\infty}S_{2m}=\lim_{m\to\infty}\left(2-\dfrac{m+2}{m+1}\right)=1$

(ii) $n=2m-1$ （奇数）のとき

$$S_n=S_{2m-1}=\left(2-\dfrac{3}{2}\right)+\left(\dfrac{3}{2}-\dfrac{4}{3}\right)+\cdots\cdots+\left(\dfrac{m}{m-1}-\dfrac{m+1}{m}\right)+\dfrac{m+1}{m}=2$$

よって $\displaystyle\lim_{n\to\infty}S_n=\lim_{m\to\infty}S_{2m-1}=2$

(i), (ii)より, $\displaystyle\lim_{m\to\infty}S_{2m}\neq\lim_{m\to\infty}S_{2m-1}$ であるから, この無限級数は**発散する**.

## A

*42 次の無限級数の部分和 $S_n$ の極限を調べて，収束するときはこの級数の和を求めよ。

(1) $\dfrac{1}{1\cdot 5}+\dfrac{1}{5\cdot 9}+\dfrac{1}{9\cdot 13}+\cdots\cdots$  ↩ 例題16

(2) $\dfrac{1}{1+\sqrt{3}}+\dfrac{1}{\sqrt{3}+\sqrt{5}}+\dfrac{1}{\sqrt{5}+\sqrt{7}}+\cdots\cdots$

43 無限級数 $a_1+a_2+a_3+\cdots\cdots$ について，次の各命題の真偽を答えよ。偽であるものは反例をあげよ。

(1) $\lim\limits_{n\to\infty}a_n=0$ ならば，この級数は収束する。

(2) この級数が収束するならば，$\lim\limits_{n\to\infty}a_n=0$ である。

(3) $\lim\limits_{n\to\infty}a_n\neq 0$ ならば，この級数は収束しない。

44 次の無限級数の第 $n$ 項 $a_n$ の極限を調べて，この級数が発散することを示せ。  ↩ 例題16

*(1) $\dfrac{1}{3}+\dfrac{2}{4}+\dfrac{3}{5}+\dfrac{4}{6}+\cdots\cdots$ 　　(2) $1-\dfrac{2}{3}+\dfrac{3}{5}-\dfrac{4}{7}+\dfrac{5}{9}-\dfrac{6}{11}+\cdots\cdots$

## B

45 次の無限級数の収束，発散について調べ，収束するときはその和を求めよ。

*(1) $\dfrac{1}{2^2-1}+\dfrac{1}{4^2-1}+\dfrac{1}{6^2-1}+\cdots\cdots$  ↩ 例題16

(2) $\dfrac{1}{1^2+2}+\dfrac{1}{2^2+4}+\dfrac{1}{3^2+6}+\cdots\cdots$

46 次の無限級数の収束，発散について調べ，収束するときはその和を求めよ。

(1) $\displaystyle\sum_{n=1}^{\infty}\dfrac{1}{\sqrt{n+1}+\sqrt{n}}$ 　　(2) $\displaystyle\sum_{n=1}^{\infty}\dfrac{2}{n(n+1)(n+2)}$

(3) $\displaystyle\sum_{n=1}^{\infty}\sin\dfrac{2n-1}{2}\pi$

*47 次の無限級数の収束，発散について調べ，収束するときはその和を求めよ。

(1) $\left(\dfrac{1}{2}-\dfrac{2}{3}\right)+\left(\dfrac{2}{3}-\dfrac{3}{4}\right)+\left(\dfrac{3}{4}-\dfrac{4}{5}\right)+\cdots\cdots$  ↩ 例題17

(2) $\dfrac{1}{2}-\dfrac{2}{3}+\dfrac{2}{3}-\dfrac{3}{4}+\dfrac{3}{4}-\dfrac{4}{5}+\cdots\cdots$

---

ヒント 47 (2) 部分和の項数 $n$ が偶数か奇数かで場合分け。または $\lim\limits_{n\to\infty}a_n\neq 0$ を示してもよい。

# 7 無限等比級数

無限等比級数の収束条件　類**50**

次の無限等比級数が収束するような $x$ の値の範囲を求めよ。
$$x+x(x^2-1)+x(x^2-1)^2+\cdots\cdots$$

**解**　初項 $x$，公比 $x^2-1$ の無限等比級数である。

（ⅰ）$x=0$ のとき，$0+0+0+\cdots\cdots$ となり収束する。

（ⅱ）$x\neq0$ のとき，収束するとき　$-1<x^2-1<1$

よって　$0<x^2<2$ より　$-\sqrt{2}<x<0,\ 0<x<\sqrt{2}$

（ⅰ）または（ⅱ）より　$-\sqrt{2}<x<\sqrt{2}$

**エクセル** $a+ar+ar^2+\cdots\cdots$ ➡ $a=0$ または $-1<r<1$ のとき収束して和をもつ

---

例題19　無限級数の性質　類**52**

無限級数 $\displaystyle\sum_{n=1}^{\infty}\frac{2^{n+1}+3}{4^n}$ の和を求めよ。

**解**　$\dfrac{2^{n+1}+3}{4^n}=\left(2\cdot\dfrac{2^n}{4^n}+\dfrac{3}{4^n}\right)=\left\{2\cdot\left(\dfrac{1}{2}\right)\left(\dfrac{1}{2}\right)^{n-1}+\dfrac{3}{4}\cdot\left(\dfrac{1}{4}\right)^{n-1}\right\}$

よって　$\displaystyle\sum_{n=1}^{\infty}\frac{2^{n+1}+3}{4^n}=\sum_{n=1}^{\infty}\left\{1\cdot\left(\dfrac{1}{2}\right)^{n-1}+\dfrac{3}{4}\cdot\left(\dfrac{1}{4}\right)^{n-1}\right\}$

ここで，公比が $\left|\dfrac{1}{2}\right|<1,\ \left|\dfrac{1}{4}\right|<1$ より収束する。

ゆえに　$\displaystyle\sum_{n=1}^{\infty}\frac{2^{n+1}+3}{4^n}=\dfrac{1}{1-\dfrac{1}{2}}+\dfrac{\dfrac{3}{4}}{1-\dfrac{1}{4}}=2+1=3$

---

例題20　無限等比級数と図形　類**53,54**

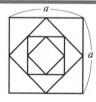

1辺の長さ $a$ の正方形 $S$ の中に，各辺の中点を結んでできる正方形 $S_1$，$S_2$，$S_3$，$\cdots\cdots$ を次々につくる。このとき，これらの正方形の面積の総和を求めよ。

**解**　正方形 $S_1$，$S_2$，$S_3$，$\cdots\cdots$ の1辺の長さをそれぞれ $x_1$，$x_2$，$x_3$，$\cdots\cdots$ とする。

$x_{n+1}=\dfrac{\sqrt{2}}{2}x_n$ より，正方形の相似比は $\dfrac{\sqrt{2}}{2}$ であるから，面積比は $\left(\dfrac{\sqrt{2}}{2}\right)^2=\dfrac{1}{2}$

よって $\displaystyle\sum_{n=1}^{\infty}S_n$ は，初項 $S_1=\dfrac{1}{2}a^2$，公比 $\dfrac{1}{2}$ の

無限等比級数である。

公比は $\left|\dfrac{1}{2}\right|<1$ より収束して，和は $\dfrac{\dfrac{1}{2}a^2}{1-\dfrac{1}{2}}=\boldsymbol{a^2}$

**エクセル** 次々につくる図形 ➡ 相似比を求め，$x_{n+1}$ と $x_n$ の関係をみつける

**A**

**48** 次の無限等比級数の収束，発散を調べ，収束するときはその和を求めよ。

*(1) $1 - \dfrac{1}{3} + \dfrac{1}{9} - \dfrac{1}{27} + \cdots\cdots$      *(2) $\dfrac{1}{2} - \dfrac{3}{4} + \dfrac{9}{8} - \dfrac{27}{16} + \cdots\cdots$

(3) $1 + 0.2 + 0.04 + 0.008 + \cdots\cdots$      (4) $(\sqrt{2} - 1) + 1 + (\sqrt{2} + 1) + \cdots\cdots$

*49 ある無限等比級数は収束し，その和は 4 で，第 2 項は $-3$ である。この級数の初項と公比を求めよ。

*50 次の無限等比級数が収束するような $x$ の値の範囲を求めよ。　　↩例題18

(1) $1 - 2x + 4x^2 - 8x^3 + \cdots\cdots$

(2) $x + x(x^2 - x + 1) + x(x^2 - x + 1)^2 + x(x^2 - x + 1)^3 + \cdots\cdots$

**51** 次の循環小数を分数の形で表せ。

(1) $0.\dot{2}3\dot{4}$              (2) $1.3\dot{2}\dot{7}$

**B**

*52 次の無限級数の収束，発散について調べ，収束するときはその和を求めよ。

(1) $\displaystyle\sum_{n=1}^{\infty} \dfrac{2^n - (-1)^n}{3^n}$        (2) $\displaystyle\sum_{n=1}^{\infty} \dfrac{1}{2^{n-1}} \sin \dfrac{n\pi}{2}$   ↩例題19

*53 右の図のように，直角二等辺三角形 ABC の頂点 A から辺 BC に垂線 $AA_1$ を引く。さらに，$A_1$ から辺 AB に垂線 $A_1A_2$ を引く。以下，図のように続けて，$A_3$, $A_4$, $\cdots\cdots$ をとるとき

$$l = AA_1 + A_1A_2 + A_2A_3 + \cdots\cdots$$

の和を求めよ。ただし，$BC = 2$ とする。　↩例題20

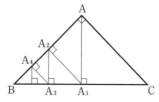

**54** 右の図のように，$\angle XOY = 60°$ である 2 辺 OX, OY に接する半径 $r$ の円 $O_1$ をつくる。次に，円 $O_1$ と 2 辺 OX, OY に接する円 $O_2$ をつくる。このようにして次々と円 $O_1$, $O_2$, $O_3$, $\cdots\cdots$ をつくるとき，次の問いに答えよ。

↩例題20

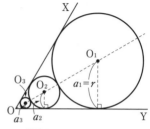

(1) 円 $O_n$ の半径を $a_n$ とするとき，$a_{n+1}$ と $a_n$ の関係を求めよ。

(2) これらの円の面積の総和を求めよ。

ヒント **52** (2) $n$ が奇数，偶数の場合を考え，各項を書き出してみる。

## Step UP 例題 21　漸化式で定められる数列の極限値(2)

$a_1=3$, $a_{n+1}=\dfrac{1}{2}\left(a_n+\dfrac{3}{a_n}\right)$ で定められる数列 $\{a_n\}$ について, 次のことを示せ。

(1)　$a_n>\sqrt{3}$　　　　(2)　$a_{n+1}-\sqrt{3}<\dfrac{1}{2}(a_n-\sqrt{3})$　　　　(3)　$\displaystyle\lim_{n\to\infty}a_n=\sqrt{3}$

**証明**　(1)　〔Ⅰ〕　$n=1$ のとき, $a_1=3>\sqrt{3}$ で成り立つ。　　◉ 数学的帰納法で証明する

〔Ⅱ〕　$n=k$ ($k$ は自然数) のとき, $a_k>\sqrt{3}$ が成り立つとすると

$n=k+1$ のとき

$$a_{k+1}-\sqrt{3}=\frac{1}{2}\left(a_k+\frac{3}{a_k}\right)-\sqrt{3}$$

$$=\frac{a_k{}^2-2\sqrt{3}\,a_k+3}{2a_k}=\frac{(a_k-\sqrt{3})^2}{2a_k}>0$$

よって, $a_{k+1}>\sqrt{3}$ であるから, $n=k+1$ のときにも成り立つ。

〔Ⅰ〕, 〔Ⅱ〕より, すべての自然数 $n$ について $a_n>\sqrt{3}$ は成り立つ。終

(2)　$a_{n+1}-\sqrt{3}=\dfrac{1}{2}\left(a_n+\dfrac{3}{a_n}\right)-\sqrt{3}=\dfrac{a_n{}^2+3-2\sqrt{3}\,a_n}{2a_n}$

$$=\frac{(a_n-\sqrt{3})^2}{2a_n}=\frac{a_n-\sqrt{3}}{a_n}\cdot\frac{1}{2}(a_n-\sqrt{3})$$

ここで, $a_n>\sqrt{3}$ より　$0<\dfrac{a_n-\sqrt{3}}{a_n}<1$　　◉ $\frac{1}{2}(a_n-\sqrt{3})$ 以外の部分をとり出して考える

よって　$a_{n+1}-\sqrt{3}<\dfrac{1}{2}(a_n-\sqrt{3})$　終

(3)　$0<a_n-\sqrt{3}<\dfrac{1}{2}(a_{n-1}-\sqrt{3})<\left(\dfrac{1}{2}\right)^2(a_{n-2}-\sqrt{3})<\cdots\cdots<\left(\dfrac{1}{2}\right)^{n-1}(a_1-\sqrt{3})$

ここで, $\displaystyle\lim_{n\to\infty}\left(\dfrac{1}{2}\right)^{n-1}(a_1-\sqrt{3})=0$ より　$\displaystyle\lim_{n\to\infty}(a_n-\sqrt{3})=0$　◉ はさみうちの原理

よって　$\displaystyle\lim_{n\to\infty}a_n=\sqrt{3}$　終

---

*55　$a_1=2$, $a_{n+1}=\dfrac{1}{2}a_n+\dfrac{1}{a_n}$ で定められる数列 $\{a_n\}$ について, 次のことを示せ。

(1)　$a_n>\sqrt{2}$　　(2)　$a_{n+1}-\sqrt{2}<\dfrac{1}{2}(a_n-\sqrt{2})$　　(3)　$\displaystyle\lim_{n\to\infty}a_n=\sqrt{2}$

*56　1個のさいころを $n$ 回続けて投げるとき, 1の目が奇数回出る確率 $p_n$ について, 次の問いに答えよ。

(1)　$p_1$, $p_2$, $p_3$ を求めよ。　　　　(2)　$p_{n+1}$ を $p_n$ を用いて表せ。

(3)　$\displaystyle\lim_{n\to\infty}p_n$ を求めよ。

**57** $c$ を $0<|c|<\dfrac{1}{2}$ を満たす実数とする。このとき

$$a_1=c, \quad a_{n+1}=2ca_n+c^{n+1}$$

で定められる数列 $\{a_n\}$ について，$\displaystyle\sum_{n=1}^{\infty} a_n=\dfrac{2}{3}$ が成り立つような $c$ の値を求めめよ。

---

**Step UP 例題 22**　　**無限級数の応用**

自然数 $n$ に対して $2^n>\dfrac{n(n-1)}{2}$ が成り立つことを示し，これを用いて，

$\displaystyle\lim_{n\to\infty}\dfrac{n}{2^n}=0$ を証明せよ。

**証明**　(i) $n=1$ のとき，$2>0$ で成り立つ。

(ii) $n\geqq 2$ のとき

二項定理より　　　　　　　　　　　　　　◀ $(a+b)^n={}_n\mathrm{C}_0 a^n b^0+{}_n\mathrm{C}_1 a^{n-1}b^1$
$$(1+x)^n={}_n\mathrm{C}_0+{}_n\mathrm{C}_1 x+{}_n\mathrm{C}_2 x^2+\cdots\cdots+{}_n\mathrm{C}_n x^n \qquad \begin{array}{l}+{}_n\mathrm{C}_2 a^{n-2}b^2+\cdots\cdots\\ +{}_n\mathrm{C}_n a^0 b^n\end{array}$$

この式で $x=1$ とすると
$$2^n={}_n\mathrm{C}_0+{}_n\mathrm{C}_1+{}_n\mathrm{C}_2+\cdots\cdots+{}_n\mathrm{C}_n$$

右辺の各項は正であるから　$2^n>{}_n\mathrm{C}_2$

すなわち　$2^n>\dfrac{n(n-1)}{2}$

(i), (ii)より，すべての自然数 $n$ について $2^n>\dfrac{n(n-1)}{2}$ は成り立つ。 🔚

次に，$n\geqq 2$ のとき，逆数をとって $\dfrac{1}{2^n}<\dfrac{2}{n(n-1)}$ より　◀ 両辺が正であるから，逆数をとると不等号の向きが変わる

$0<\dfrac{n}{2^n}<\dfrac{2}{n-1}$ と変形できる。

ここで，$\displaystyle\lim_{n\to\infty}\dfrac{2}{n-1}=0$ より　$\displaystyle\lim_{n\to\infty}\dfrac{n}{2^n}=0$ 🔚　　◀ はさみうちの原理

---

**\*58** $\displaystyle\lim_{n\to\infty}\dfrac{n}{3^n}=0$ を用いて，次の無限級数の和を求めよ。

$$\dfrac{1}{3}+\dfrac{2}{9}+\dfrac{3}{27}+\cdots\cdots+\dfrac{n}{3^n}+\cdots\cdots$$

**59** $1, 2, 2, 3, 3, 3, 4, 4, 4, 4, \cdots\cdots$ は $k$ が $k$ 個 $(k=1, 2, 3, \cdots)$ 続く数列である。この数列の第 $n$ 項を $a_n$ と表すとき，次の問いに答えよ。

(1) $a_n=k$ となるような $n$ の値の範囲を $k$ を用いて表せ。

(2) $\displaystyle\lim_{n\to\infty}\dfrac{a_n}{\sqrt{n}}$ を求めよ。

# 9 関数の極限

## 例題 23 関数の極限 題61

次の極限値を求めよ。

$$\lim_{x \to -1} \frac{\sqrt{x+5}-2}{x+1}$$

**解** （与式）$= \lim_{x \to -1} \dfrac{(\sqrt{x+5}-2)(\sqrt{x+5}+2)}{(x+1)(\sqrt{x+5}+2)}$

$= \lim_{x \to -1} \dfrac{x+5-4}{(x+1)(\sqrt{x+5}+2)}$

$= \lim_{x \to -1} \dfrac{x+1}{(x+1)(\sqrt{x+5}+2)}$

$= \lim_{x \to -1} \dfrac{1}{\sqrt{x+5}+2} = \dfrac{1}{2+2} = \dfrac{1}{4}$

> **関数の極限**
>
> $\lim_{x \to a} f(x) = \alpha$, $\lim_{x \to a} g(x) = \beta$ のとき
> (1) $\lim_{x \to a} kf(x) = k\alpha$ （$k$ は定数）
> (2) $\lim_{x \to a} \{f(x) \pm g(x)\} = \alpha \pm \beta$
>     （複号同順）
> (3) $\lim_{x \to a} f(x)g(x) = \alpha\beta$
> (4) $\lim_{x \to a} \dfrac{f(x)}{g(x)} = \dfrac{\alpha}{\beta}$ （ただし $\beta \neq 0$）

**エクセル** 無理関数の極限 ➡ 分母や分子を有理化してみる

## 例題 24 関数の極限と係数決定 題66

次の等式が成り立つように，定数 $a$，$b$ の値を定めよ。

$$\lim_{x \to 1} \frac{a\sqrt{x+3}-b}{x-1} = 1$$

**解** $\lim_{x \to 1}(x-1) = 0$ であるから   ◁ 極限値をもつとき，（分母）→ 0 ならば（分子）→ 0

$\lim_{x \to 1}(a\sqrt{x+3}-b) = 0$   ◁ 必要条件（極限値をもつための）

よって $2a-b=0$ すなわち $b=2a$ ……①

このとき，与式の左辺について

$\lim_{x \to 1} \dfrac{a\sqrt{x+3}-b}{x-1} = \lim_{x \to 1} \dfrac{a\sqrt{x+3}-2a}{x-1}$

$= \lim_{x \to 1} \dfrac{a(\sqrt{x+3}-2)(\sqrt{x+3}+2)}{(x-1)(\sqrt{x+3}+2)}$   ◁ 分子の有理化

$= \lim_{x \to 1} \dfrac{a(x-1)}{(x-1)(\sqrt{x+3}+2)}$

$= \lim_{x \to 1} \dfrac{a}{\sqrt{x+3}+2} = \dfrac{a}{4}$

であるから $\dfrac{a}{4} = 1$   ◁ 十分条件（極限値が 1 であるための）

ゆえに $a=4$

①に代入して $b=8$

したがって $a=4$，$b=8$

**エクセル** $\dfrac{f(x)}{g(x)}$ が極限値をもつ ➡ $g(x) \to 0$ ならば $f(x) \to 0$

**A**

*\*60** 次の極限値を求めよ。

(1) $\displaystyle\lim_{x\to 3}(x^2+2x-1)$　　(2) $\displaystyle\lim_{x\to -1}(x-2)(x^2+1)$　　(3) $\displaystyle\lim_{x\to 2}\frac{3x+1}{x+1}$

(4) $\displaystyle\lim_{x\to 1}\frac{2x^2+x-3}{x-1}$　　(5) $\displaystyle\lim_{x\to -2}\frac{x^3-2x+4}{x^2-2x-8}$　　(6) $\displaystyle\lim_{x\to 0}\frac{1}{x}\left(\frac{2}{x+2}-1\right)$

*\*61** 次の極限値を求めよ。　　　　　　　　　　　　　　　↩ 例題23

(1) $\displaystyle\lim_{x\to 0}\frac{\sqrt{x+4}-2}{x}$　　(2) $\displaystyle\lim_{x\to 4}\frac{x-4}{\sqrt{x+5}-3}$　　(3) $\displaystyle\lim_{x\to 1}\frac{x-\sqrt{2-x}}{x-1}$

■次の極限を調べよ。[**62～65**]

**62** *\*(1)** $\displaystyle\lim_{x\to 2}\frac{1}{(x-2)^2}$　　(2) $\displaystyle\lim_{x\to -1}\frac{x}{(x+1)^2}$　　(3) $\displaystyle\lim_{x\to 0}\left(\frac{1}{x^2}-3\right)$

**63** *\*(1)** $\displaystyle\lim_{x\to 1+0}\frac{x}{x-1}$　　(2) $\displaystyle\lim_{x\to +0}\frac{2x}{|x|}$　　(3) $\displaystyle\lim_{x\to -0}\frac{x-1}{x^2-2x}$

**64** *\*(1)** $\displaystyle\lim_{x\to \infty}\frac{1}{x-3}$　　(2) $\displaystyle\lim_{x\to -\infty}\left(1-\frac{1}{x^3}\right)$　　(3) $\displaystyle\lim_{x\to -\infty}(1-x^3)$

**65** (1) $\displaystyle\lim_{x\to \infty}\frac{3x-4}{x+5}$　　*\*(2)** $\displaystyle\lim_{x\to \infty}\frac{x^2+1}{2x^2+3x}$　　(3) $\displaystyle\lim_{x\to \infty}\frac{x^2-2x-1}{-x+3}$

(4) $\displaystyle\lim_{x\to -\infty}\frac{x+2}{3x^2-1}$　　(5) $\displaystyle\lim_{x\to -\infty}\frac{-x^2+5x+1}{x^2-3x+4}$　　*\*(6)** $\displaystyle\lim_{x\to -\infty}\frac{2x^3-4x+5}{3x^2+2}$

**B**

*\*66** 次の等式が成り立つように，定数 $a$, $b$ の値を定めよ。　　↩ 例題24

(1) $\displaystyle\lim_{x\to -2}\frac{ax^2+bx}{x+2}=2$　　　　(2) $\displaystyle\lim_{x\to 2}\frac{a\sqrt{x-1}+b}{x-2}=3$

**67** 次の極限値を求めよ。

(1) $\displaystyle\lim_{x\to 1-0}\frac{x^2-1}{|x-1|}$　　　　(2) $\displaystyle\lim_{x\to 1+0}\frac{x^2-1}{|x-1|}$

**68** 次の極限値を求めよ。

(1) $\displaystyle\lim_{x\to \infty}(\sqrt{x^2+2x}-\sqrt{x^2-2x})$　　(2) $\displaystyle\lim_{x\to -\infty}(\sqrt{x^2+x+2}+x)$

ヒント　**68** (2) $x=-t$ とおくと，$x\to -\infty$ のとき $t\to \infty$

# 10 指数・対数・三角関数の極限

## 例題 25　指数・対数関数の極限　　　　　　　　類69,70

次の極限値を求めよ。

(1) $\displaystyle\lim_{x\to-\infty}\dfrac{1}{2^x+3^{\frac{1}{x}}}$　　　　　(2) $\displaystyle\lim_{x\to\infty}\{\log_2(2x+1)-\log_2(x+3)\}$

**解** (1) $x\to-\infty$ のとき $\dfrac{1}{x}\to-0$ であるから

$$2^x\to0,\ \ 3^{\frac{1}{x}}\to1$$

よって $\displaystyle\lim_{x\to-\infty}\dfrac{1}{2^x+3^{\frac{1}{x}}}=\dfrac{1}{0+1}=1$

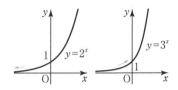

(2) （与式）$=\displaystyle\lim_{x\to\infty}\log_2\dfrac{2x+1}{x+3}=\lim_{x\to\infty}\log_2\dfrac{2+\dfrac{1}{x}}{1+\dfrac{3}{x}}=\log_2 2=1$　　● 真数の分母と
　　　　　　　　　　　　　　　　　　　　　　　　　　　　　　　　　　分子を $x$ で割る

## 例題 26　三角関数の極限　　　　　　　　　　類74,76

次の極限値を求めよ。

(1) $\displaystyle\lim_{x\to0}\dfrac{\sin x(1-\cos x)}{x^3}$　　　　(2) $\displaystyle\lim_{x\to\frac{\pi}{2}}\left(\dfrac{\pi}{2}-x\right)\tan x$

**解** (1) （与式）$=\displaystyle\lim_{x\to0}\dfrac{\sin x(1-\cos x)(1+\cos x)}{x^3(1+\cos x)}$

| 三角関数の極限 |
| --- |
| $\displaystyle\lim_{x\to0}\dfrac{\sin x}{x}=1$ |

$\qquad\qquad=\displaystyle\lim_{x\to0}\dfrac{\sin x(1-\cos^2 x)}{x^3(1+\cos x)}$

$\qquad\qquad=\displaystyle\lim_{x\to0}\dfrac{\sin x\cdot\sin^2 x}{x^3(1+\cos x)}=\lim_{x\to0}\left(\dfrac{\sin x}{x}\right)^3\cdot\dfrac{1}{1+\cos x}=1\cdot\dfrac{1}{1+1}=\dfrac{1}{2}$

**別解** （与式）$=\displaystyle\lim_{x\to0}\dfrac{\sin x\cdot 2\sin^2\dfrac{x}{2}}{x^3}$　　　　　● $\sin^2\dfrac{x}{2}=\dfrac{1-\cos x}{2}$ より

$\qquad\qquad\qquad\qquad\qquad\qquad\qquad\qquad\qquad\qquad\qquad 1-\cos x=2\sin^2\dfrac{x}{2}$

$\qquad\qquad=\displaystyle\lim_{x\to0}\dfrac{1}{2}\cdot\dfrac{\sin x}{x}\cdot\left(\dfrac{\sin\dfrac{x}{2}}{\dfrac{x}{2}}\right)^2=\dfrac{1}{2}$

(2) $\dfrac{\pi}{2}-x=\theta$ とおくと　$x\to\dfrac{\pi}{2}$ のとき $\theta\to0$ であり

$$\tan x=\tan\left(\dfrac{\pi}{2}-\theta\right)=\dfrac{1}{\tan\theta}=\dfrac{\cos\theta}{\sin\theta}\ \ \text{であるから}$$

（与式）$=\displaystyle\lim_{\theta\to0}\theta\cdot\dfrac{\cos\theta}{\sin\theta}=\lim_{\theta\to0}\dfrac{\theta}{\sin\theta}\cdot\cos\theta=1\cdot1=1$　　● $\displaystyle\lim_{\theta\to0}\dfrac{\theta}{\sin\theta}=\lim_{\theta\to0}\dfrac{1}{\dfrac{\sin\theta}{\theta}}=1$

**エクセル**　三角関数の極限 ⟹ $\displaystyle\lim_{x\to0}\dfrac{\sin x}{x}=1$ を利用できる形に変形する

## A

■次の極限値を求めよ。[**69〜73**]

**\*69** (1) $\displaystyle\lim_{x\to\infty}\frac{3^x}{2^x-3^x}$　　(2) $\displaystyle\lim_{x\to-\infty}\frac{2^{-x}}{2^x+2^{-x}}$　　(3) $\displaystyle\lim_{x\to-\infty}\frac{5^x+5^{\frac{1}{x}}}{4^x+4^{\frac{1}{x}}}$　↩ 例題25

**70** \*(1) $\displaystyle\lim_{x\to\infty}\{\log_{10}(x+2)-\log_{10}x\}$　　　　　　　　　　　　↩ 例題25

　　 (2) $\displaystyle\lim_{x\to\infty}\{\log_2(2x^2+3)-2\log_2(x+1)\}$

**71** (1) $\displaystyle\lim_{x\to0}x^2\sin\frac{1}{x}$　　\*(2) $\displaystyle\lim_{x\to-\infty}\frac{\cos x}{x}$　　(3) $\displaystyle\lim_{x\to\infty}\frac{\sin 2x}{x^2}$

**72** (1) $\displaystyle\lim_{x\to0}\frac{\sin 2x}{5x}$　　(2) $\displaystyle\lim_{x\to0}\frac{\sin(-2x)}{-x}$　　\*(3) $\displaystyle\lim_{x\to0}\frac{\tan x}{2x}$

　　 \*(4) $\displaystyle\lim_{x\to0}\frac{\sin 3x}{\sin 4x}$　　(5) $\displaystyle\lim_{x\to0}\frac{\sin x}{\tan 2x}$　　(6) $\displaystyle\lim_{x\to0}\frac{x}{\sin 2x-\sin x}$

**73** \*(1) $\displaystyle\lim_{x\to\infty}x\sin\frac{1}{x}$　　(2) $\displaystyle\lim_{x\to\infty}x\sin\frac{1}{3x}$　　(3) $\displaystyle\lim_{x\to\infty}x\tan\frac{2}{x}$

## B

■次の極限値を求めよ。[**74〜76**]

**74** (1) $\displaystyle\lim_{x\to0}\frac{x\tan x}{1-\cos x}$　　\*(2) $\displaystyle\lim_{x\to0}\frac{1-\cos 2x}{2x^2}$　　(3) $\displaystyle\lim_{x\to0}\frac{\sin x^2}{1-\cos x}$　↩ 例題26

**75** (1) $\displaystyle\lim_{x\to0}\frac{\tan x^\circ}{x}$　　　　　　　　(2) $\displaystyle\lim_{x\to0}\frac{\sin(\sin x)}{\sin x}$

**\*76** (1) $\displaystyle\lim_{x\to1}\frac{\sin\pi x}{x-1}$　　(2) $\displaystyle\lim_{x\to-\frac{\pi}{2}}\left(x+\frac{\pi}{2}\right)\tan x$　　(3) $\displaystyle\lim_{x\to\frac{\pi}{2}}\frac{2x-\pi}{\cos x}$　↩ 例題26

**\*77**　半径 $r$ の円 O の周上に定点 A と動点 P があり，
　　　点 P から OA に引いた垂線の足を H とする。
　　　点 P が限りなく点 A に近づくとき，次の値の
　　　極限値を求めよ。

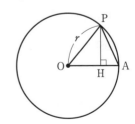

　　 (1) $\dfrac{\mathrm{PA}^2}{\mathrm{PH}^2}$　　　　　(2) $\dfrac{\widehat{\mathrm{PA}}^2}{\mathrm{AH}}$

――――――――――――――――――――――――――――――――――――――
ヒント　**73** (1) $\dfrac{1}{x}=\theta$ とおくと，$x\to\infty$ のとき $\theta\to+0$

　　　**75** (1) $x^\circ$ をラジアンに変換する。　(2) $\sin x=\theta$ とおく。

　　　**77** ∠AOP$=\theta$ とおいて，それぞれの長さを $r$，$\theta$ で表し，$\theta\to+0$ の極限を考える。

# 11 関数の連続性

**関数の連続性** 題79

関数 $f(x)$ は，$x=1$ のとき $f(x)=1$，$x\neq1$ のとき $f(x)=\dfrac{x-1}{x^2+x-2}$ で定義
されている。関数 $f(x)$ が $x=1$ で連続であるか不連続であるかを調べよ。

**解** $\displaystyle\lim_{x\to1}f(x)=\lim_{x\to1}\frac{x-1}{x^2+x-2}=\lim_{x\to1}\frac{x-1}{(x-1)(x+2)}$

$\qquad\quad=\displaystyle\lim_{x\to1}\frac{1}{x+2}=\frac{1}{3}$ であるが，

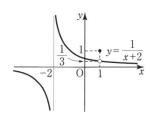

$\quad f(1)=1$ であるので $\displaystyle\lim_{x\to1}f(x)\neq f(1)$

$\quad$ よって，関数 $f(x)$ は $x=1$ で不連続である。

**エクセル** $f(x)$ が $x=a$ で連続 ➡ 極限値 $\displaystyle\lim_{x\to a}f(x)$ が存在して $\displaystyle\lim_{x\to a}f(x)=f(a)$

---

例題 28 **$x^n$ を含む極限の関数のグラフ** 題83

関数 $f(x)=\displaystyle\lim_{n\to\infty}\frac{x}{1+x^n}$ のグラフをかけ。

**解** (i) $|x|<1$ のとき $f(x)=x$ ◉ $|x|<1$ のとき $\displaystyle\lim_{n\to\infty}x^n=0$

$\quad$ (ii) $|x|>1$ のとき $f(x)=\displaystyle\lim_{n\to\infty}\frac{\dfrac{1}{x^{n-1}}}{\dfrac{1}{x^n}+1}=0$ ◉ $|x|>1$ のとき $\displaystyle\lim_{n\to\infty}\frac{1}{x^n}=0$

$\quad$ (iii) $x=1$ のとき $f(1)=\dfrac{1}{2}$

$\quad$ (iv) $x=-1$ のとき $f(-1)$ は存在しない。 ◉ $n$ が奇数のとき（分母）$=0$ となる

$\quad$ よって，関数 $y=f(x)$ のグラフは右の図のようになる。

**エクセル** $x^n$ を含む極限 ➡ $|x|<1$，$|x|>1$，$x=1$，$x=-1$ で場合分け

---

例題 29 **中間値の定理** 題80,85

方程式 $x\cos x-\sin x=0$ は $\pi<x<2\pi$ の範囲に少なくとも 1 つの実数
解をもつことを示せ。

**証明** $f(x)=x\cos x-\sin x$ とおくと，

$\quad f(x)$ は区間 $[\pi,\ 2\pi]$ で連続であり， ◉ $f(x)$ が閉区間で連続であることを必ず確認する

$\quad f(\pi)=-\pi<0$，$f(2\pi)=2\pi>0$ であるから，

$\quad$ 中間値の定理より，方程式 $x\cos x-\sin x=0$ は

$\quad\pi<x<2\pi$ の範囲に少なくとも 1 つの実数解をもつ。 終

**エクセル** $f(x)$ が区間 $[a,\ b]$ で連続 ➡ $f(c)=0\ (a<c<b)$ となる $c$ が存在する
$\qquad\qquad$ $f(a)$ と $f(b)$ が異符号

**A**

*78 次の関数が $x=0$ で連続であるか不連続であるかを調べよ。

(1) $f(x)=\dfrac{2}{x-1}$  (2) $f(x)=\dfrac{x+1}{|x|+1}$

*79 関数 $f(x)=\begin{cases}\dfrac{x^2-1}{x+1} & (x\neq-1)\\ -2 & (x=-1)\end{cases}$ は $x=-1$ で連続であることを示せ。

↵ 例題27

80 次の方程式は (   ) 内の範囲に少なくとも 1 つの実数解をもつことを示せ。

↵ 例題29

(1) $x^3-3x^2+3=0$ $(2<x<3)$  (2) $x^2+\left(\dfrac{1}{2}\right)^x-2=0$ $(-1<x<1)$

(3) $\log_3 x=-2x+3$ $(1<x<3)$  *(4) $\cos x=\sqrt{x}$ $\left(0<x<\dfrac{\pi}{2}\right)$

**B**

*81 関数 $f(x)=\begin{cases}\dfrac{x^3+1}{x+1} & (x\neq-1)\\ a & (x=-1)\end{cases}$ が $x=-1$ で連続であるように,定数 $a$ の値を定めよ。

82 関数 $f(x)=\lim\limits_{n\to\infty}\dfrac{1-x}{1+x^n}$ が $x=1$ で連続であるか不連続であるかを調べよ。

*83 次の関数のグラフをかけ。

↵ 例題28

(1) $f(x)=\lim\limits_{n\to\infty}\dfrac{x^n}{1+x^n}$  (2) $f(x)=\lim\limits_{n\to\infty}\dfrac{x-1}{|x|^n+1}$

84 $x>-1$ において,関数 $f(x)$ は $f(x)=\lim\limits_{n\to\infty}\dfrac{x^n}{x^{n+2}+x^n+1}$ で定義されている。$f(x)$ はある値 $x=\alpha$ で不連続であるという。その値を求めよ。

85 方程式 $3\tan x=4x$ は $\dfrac{\pi}{4}<x<\dfrac{\pi}{3}$ の範囲に少なくとも 1 つの実数解をもつことを示せ。

↵ 例題29

# 関数の極限の応用

---

**Step UP 例題 30** **ガウス記号を含む関数の連続性**

関数 $f(x)=x-[x]$ が $x=1$ で連続であるか不連続であるかを調べよ。
ただし，$[x]$ は $x$ を超えない最大の整数を表す（$[\quad]$ をガウス記号という）。

**解** $[x]=\begin{cases} 0 & (0\leqq x<1) \\ 1 & (1\leqq x<2) \end{cases}$ であるから

$$\lim_{x\to 1-0} f(x) = \lim_{x\to 1-0}(x-[x])=1-0=1$$

$$\lim_{x\to 1+0} f(x) = \lim_{x\to 1+0}(x-[x])=1-1=0$$

よって，$\lim_{x\to 1} f(x)$ は存在しない。

ゆえに，$f(x)$ は $x=1$ で**不連続**である。

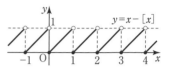

**エクセル** $f(x)$ が $x=a$ で連続 $\Rightarrow$ 極限値 $\lim_{x\to a} f(x)$ が存在して $\lim_{x\to a} f(x)=f(a)$

*86 関数 $f(x)=(x-1)[x]$ $(-2\leqq x\leqq 2)$ のグラフをかき，$x=-1$，$0$，$1$ で連続であるか不連続であるかを調べよ。ただし，$[\quad]$ はガウス記号である。

---

**Step UP 例題 31** **連続になるための定数の決定**

関数 $f(x)=\lim\limits_{n\to\infty}\dfrac{x^{n-1}+a}{x^n+1}$ が $x>0$ であるすべての実数 $x$ で連続となるように定数 $a$ の値を定めよ。

**解** (i) $0<x<1$ のとき $f(x)=a$ 　　$\lim\limits_{n\to\infty}x^n=0,\ \lim\limits_{n\to\infty}x^{n-1}=0$

(ii) $x=1$ のとき $f(1)=\dfrac{1+a}{2}$

(iii) $x>1$ のとき $f(x)=\lim\limits_{n\to\infty}\dfrac{\dfrac{1}{x}+\dfrac{a}{x^n}}{1+\dfrac{1}{x^n}}=\dfrac{1}{x}$ 　　$\lim\limits_{n\to\infty}\dfrac{1}{x^n}=0$

よって，$f(x)$ が $x>0$ であるすべての実数 $x$ で連続となるのは，

$x=1$ で連続となるとき。

ゆえに，$\lim\limits_{x\to 1-0} f(x) = \lim\limits_{x\to 1+0} f(x)=f(1)$ が成り立てばよい。

したがって，$a=1=\dfrac{1+a}{2}$ より **$a=1$**

**エクセル** $x^n$ を含む極限 $\Rightarrow$ $|x|<1$，$|x|>1$，$x=1$，$x=-1$ で場合分け

*87 関数 $f(x)=\lim\limits_{n\to\infty}\dfrac{x^{2n+1}+ax^2+bx}{x^{2n}+1}$ がすべての実数 $x$ で連続となるように定数 $a$，$b$ の値を定めよ。

**Step UP 例題 32**　　極限値が存在するための定数の決定

次の等式が成り立つように定数 $a$, $b$ の値を定めよ。
$$\lim_{x\to\infty}(\sqrt{x^2+3x}-ax-b)=2$$

**解**　極限値をもつためには $a>0$ であればよい。

$a\leq 0$ のとき
$\lim_{x\to\infty}(\sqrt{x^2+3x}-ax-b)=\infty$

$$\text{(左辺)}=\lim_{x\to\infty}\frac{\{\sqrt{x^2+3x}-(ax+b)\}\{\sqrt{x^2+3x}+(ax+b)\}}{\sqrt{x^2+3x}+(ax+b)}$$

$$=\lim_{x\to\infty}\frac{x^2+3x-(ax+b)^2}{\sqrt{x^2+3x}+ax+b}=\lim_{x\to\infty}\frac{(1-a^2)x^2+(3-2ab)x-b^2}{\sqrt{x^2+3x}+ax+b}$$

これが極限値をもつとき　$1-a^2=0$

$a>0$ より　$a=1$

$1-a^2>0$ のとき　（左辺）$=\infty$
$1-a^2<0$ のとき　（左辺）$=-\infty$
であるから
$1-a^2\neq 0$ のとき，左辺は発散する

このとき

$$\text{(左辺)}=\lim_{x\to\infty}\frac{(3-2b)x-b^2}{\sqrt{x^2+3x}+x+b}=\lim_{x\to\infty}\frac{(3-2b)x-b^2}{x\sqrt{1+\dfrac{3}{x}}+x+b}$$

$x>0$ より　$\sqrt{x^2}=x$

$$=\lim_{x\to\infty}\frac{(3-2b)-\dfrac{b^2}{x}}{\sqrt{1+\dfrac{3}{x}}+1+\dfrac{b}{x}}=\frac{3-2b}{2}$$

分母と分子を $x$ で割る

よって　$\dfrac{3-2b}{2}=2$　　ゆえに　$b=-\dfrac{1}{2}$　　したがって　$\boldsymbol{a=1,\ b=-\dfrac{1}{2}}$

---

*88　次の等式が成り立つように，定数 $a$, $b$ の値を定めよ。

(1)　$\lim_{x\to\infty}(6x-\sqrt{ax^2-bx+1})=2$　　　(2)　$\lim_{x\to\infty}(\sqrt{x^2+2x+3}-ax-b)=0$

*89　次の条件 $\lim_{x\to\infty}\dfrac{f(x)}{x^2+1}=3$, $\lim_{x\to 1}\dfrac{f(x)}{x^2-1}=2$ を満たす整式 $f(x)$ を求めよ。

*90　次の極限値を求めよ。ただし，[　] はガウス記号である。

(1)　$\lim_{x\to 0}\left[x+\dfrac{1}{2}\right]$　　　　　　　(2)　$\lim_{x\to\infty}\dfrac{[x]}{x}$

91　平面上に半径 1 の円 $C$ がある。この円に外接し，さらに
隣り合う 2 つが互いに外接するように，同じ大きさの $m$
個の円を図(例 1)のように配置し，その 1 つの円の半径を
$R_m$ とする。また，円 $C$ に内接し，さらに隣り合う 2 つが
互いに外接するように，同じ大きさの $n$ 個の円を図(例 2)
のように配置し，その 1 つの円の半径を $r_n$ とする。次の
問いに答えよ。ただし，$m\geq 3$, $n\geq 2$ とする。

例1　$m=12$ の場合

例2　$n=4$ の場合

(1)　$R_6$, $r_6$ を求めよ。

(2)　$\lim_{m\to\infty}mR_m$, $\lim_{n\to\infty}nr_n$ を求めよ。

# 13 導関数／関数の積・商の微分法

導関数の定義にしたがって，関数 $f(x)=\sqrt{x+1}$ を微分せよ。

**解**　$f'(x)=\lim_{h\to 0}\dfrac{f(x+h)-f(x)}{h}$

$=\lim_{h\to 0}\dfrac{\sqrt{(x+h)+1}-\sqrt{x+1}}{h}$

$=\lim_{h\to 0}\dfrac{(\sqrt{(x+h)+1}-\sqrt{x+1})(\sqrt{(x+h)+1}+\sqrt{x+1})}{h(\sqrt{(x+h)+1}+\sqrt{x+1})}$

$=\lim_{h\to 0}\dfrac{(x+h+1)-(x+1)}{h(\sqrt{x+h+1}+\sqrt{x+1})}$

$=\lim_{h\to 0}\dfrac{1}{\sqrt{x+h+1}+\sqrt{x+1}}=\dfrac{1}{2\sqrt{x+1}}$

**導関数の定義**

$f'(x)=\lim_{h\to 0}\dfrac{f(x+h)-f(x)}{h}$

次の関数を微分せよ。

(1)　$y=\sqrt[4]{x^3}$

(2)　$y=\dfrac{x^2+1}{\sqrt{x}}$

**解**　(1)　$y=x^{\frac{3}{4}}$ より　$y'=\dfrac{3}{4}x^{-\frac{1}{4}}=\dfrac{3}{4\sqrt[4]{x}}$

(2)　$y=x^{-\frac{1}{2}}(x^2+1)=x^{\frac{3}{2}}+x^{-\frac{1}{2}}$ より

$y'=\dfrac{3}{2}x^{\frac{1}{2}}+\left(-\dfrac{1}{2}\right)x^{-\frac{3}{2}}$

$=\dfrac{3}{2}\sqrt{x}-\dfrac{1}{2x\sqrt{x}}=\dfrac{3x^2-1}{2x\sqrt{x}}$

**微分法の公式**

$r$ が有理数のとき
$$(x^r)'=rx^{r-1}$$

次の関数を微分せよ。

(1)　$y=(2x-1)(3x^2-x+2)$

(2)　$y=\dfrac{x^2-1}{3x+2}$

**解**　(1)　$y'=(2x-1)'(3x^2-x+2)+(2x-1)(3x^2-x+2)'$

$=2(3x^2-x+2)+(2x-1)(6x-1)$

$=\mathbf{18x^2-10x+5}$

(2)　$y'=\dfrac{(x^2-1)'(3x+2)-(x^2-1)(3x+2)'}{(3x+2)^2}$

$=\dfrac{2x(3x+2)-(x^2-1)\cdot 3}{(3x+2)^2}$

$=\dfrac{\mathbf{3x^2+4x+3}}{(3x+2)^2}$

**積の微分法**

$\{f(x)g(x)\}'$
$=f'(x)g(x)+f(x)g'(x)$

**商の微分法**

(i)　$\left\{\dfrac{f(x)}{g(x)}\right\}'$
$=\dfrac{f'(x)g(x)-f(x)g'(x)}{\{g(x)\}^2}$

(ii)　$\left\{\dfrac{1}{g(x)}\right\}'=-\dfrac{g'(x)}{\{g(x)\}^2}$

## A

**92** 導関数の定義にしたがって，次の関数を微分せよ。　　　↩ 例題33

(1) $f(x)=\dfrac{1}{x+2}$　　　(2) $f(x)=\dfrac{1}{x^2}$　　　(3) $f(x)=\sqrt{2x-1}$

■次の関数を微分せよ。[**93~95**]

**93** (1) $y=x^{-2}$　　　(2) $y=\sqrt[3]{x}$　　　*(3) $y=x\sqrt{x}$　　↩ 例題34

(4) $y=-\dfrac{1}{x}$　　　*(5) $y=\dfrac{1}{x^4}$　　　*(6) $y=\dfrac{1}{\sqrt[3]{x^2}}$

**94** *(1) $y=(x-1)(2x+3)$　　　*(2) $y=(x+1)(2x^2-3)$　　↩ 例題35

(3) $y=(2x-1)(x^2-x+1)$　　*(4) $y=(x^2+1)(3x^2-x+2)$

(5) $y=(x^2+3)(x^3-2)$　　　*(6) $y=(x^3-2x)(2x^2+5)$

**95** (1) $y=\dfrac{1}{3x-1}$　　　(2) $y=\dfrac{2x}{4x+3}$　　　(3) $y=\dfrac{x}{2-5x}$　　↩ 例題35

*(4) $y=\dfrac{2x-1}{x+1}$　　　*(5) $y=\dfrac{3}{x^2-x+2}$　　　*(6) $y=\dfrac{2x+3}{x^2+x+2}$

## B

**96** 等式 $\{f(x)g(x)h(x)\}'=f'(x)g(x)h(x)+f(x)g'(x)h(x)+f(x)g(x)h'(x)$
が成り立つことを示し，それを用いて，次の関数を微分せよ。

*(1) $y=(x+1)(2x+5)(3x-1)$　　　(2) $y=(x^2+1)(3x^2-1)(x-2)$

■次の関数を微分せよ。[**97・98**]

**97** (1) $y=\dfrac{x^4+2x^2-3}{x^3}$　(2) $y=\dfrac{(\sqrt{x}-2)^2}{\sqrt{x}}$　(3) $y=\dfrac{3x^2-1}{x^3\sqrt{x}}$

**98** (1) $y=\dfrac{x^2-x+1}{x^2+x+1}$　　　*(2) $y=\dfrac{x^3+x^2-2}{x^2+1}$

**99** 次の関数が，$x=1$ で連続であるか，また，微分可能であるかを調べよ。

(1) $f(x)=|x-1|$　　　(2) $f(x)=\begin{cases} x^2+1 & (x<1) \\ 2x & (x\geqq1) \end{cases}$

───────────────

ヒント　**99** 関数 $f(x)$ は，$x=a$ で微分可能ならば $x=a$ で連続であるが，その逆は成り立たない。

# 14 合成関数・逆関数の微分法

## 例題 36  合成関数の微分法  類100

次の関数を微分せよ。

(1) $y=(x^2+3x-2)^3$  (2) $y=\sqrt{x^2+1}$

**解** (1) $u=x^2+3x-2$ とおくと $y=u^3$ であるから

$$\frac{dy}{dx}=\frac{dy}{du}\cdot\frac{du}{dx}=3u^2(2x+3)$$
$$=3(2x+3)(x^2+3x-2)^2$$

(2) $u=x^2+1$ とおくと $y=\sqrt{u}$ であるから

$$\frac{dy}{dx}=\frac{dy}{du}\cdot\frac{du}{dx}=\frac{1}{2\sqrt{u}}\cdot 2x$$
$$=\frac{x}{\sqrt{x^2+1}}$$

> **合成関数の微分法**
>
> $y=f(u),\ u=g(x)$ のとき
> $$\frac{dy}{dx}=\frac{dy}{du}\cdot\frac{du}{dx}$$

◀ 慣れてきたら，おきかえをしないで
(1) $y'=3(x^2+3x-2)^2(x^2+3x-2)'$
$=3(2x+3)(x^2+3x-2)^2$
(2) $y=(x^2+1)^{\frac{1}{2}}$ より
$y'=\frac{1}{2}(x^2+1)^{-\frac{1}{2}}(x^2+1)'=\frac{x}{\sqrt{x^2+1}}$

**エクセル** 関数 $y=f(g(x))$ の導関数 ➡ $y'=f'(g(x))\cdot g'(x)$

## 例題 37  逆関数の微分法  類101

次の関数について，$\dfrac{dy}{dx}$ を求めよ。

(1) $x=y^2-5y+4$  (2) $x=\dfrac{2y}{y^3+1}$

**解** (1) $\dfrac{dx}{dy}=2y-5$

よって $\dfrac{dy}{dx}=\dfrac{1}{\frac{dx}{dy}}=\dfrac{1}{2y-5}$

> **逆関数の微分法**
>
> $\dfrac{dx}{dy}\neq 0$ のとき $\dfrac{dy}{dx}=\dfrac{1}{\frac{dx}{dy}}$

(2) $\dfrac{dx}{dy}=\dfrac{2(y^3+1)-2y\cdot 3y^2}{(y^3+1)^2}=\dfrac{-4y^3+2}{(y^3+1)^2}$

よって $\dfrac{dy}{dx}=\dfrac{1}{\frac{dx}{dy}}=\dfrac{(y^3+1)^2}{2-4y^3}$

## 例題 38  陰関数 $f(x,\ y)=0$ の微分法  類102

方程式 $x^2+y^2=4$ で定められる $x$ の関数 $y$ について，$\dfrac{dy}{dx}$ を求めよ。

**解** 両辺を $x$ で微分すると

$$2x+2y\cdot\frac{dy}{dx}=0$$
$$2y\cdot\frac{dy}{dx}=-2x$$

よって，$y\neq 0$ のとき $\dfrac{dy}{dx}=-\dfrac{x}{y}$

◀ $\frac{d}{dx}y^2=\frac{d}{dy}y^2\cdot\frac{dy}{dx}=2y\frac{dy}{dx}$

**100** 次の関数を微分せよ。 ↩例題36

(1) $y=(2x-3)^3$　　　*(2) $y=(x^2+1)^4$　　　*(3) $y=\dfrac{1}{(4x+5)^3}$

(4) $y=\dfrac{1}{(3x^2-1)^2}$　　(5) $y=\sqrt{x^2+3}$　　*(6) $y=\dfrac{1}{\sqrt{2x+1}}$

**101** 次の関数について，$\dfrac{dy}{dx}$ を求めよ。 ↩例題37

(1) $x=3y^2-2y+1$　　(2) $x=\dfrac{2y-1}{y^2+1}$　　(3) $x=\sqrt{y^2+1}$

**102** 次の方程式で定められる $x$ の関数 $y$ について，$\dfrac{dy}{dx}$ を求めよ。 ↩例題38

*(1) $x^2+y^2=9$　　　(2) $\dfrac{x^2}{4}+\dfrac{y^2}{16}=1$　　(3) $\dfrac{x^2}{9}-\dfrac{y^2}{4}=-1$

■次の関数を微分せよ。[**103・104**]

**103** *(1) $y=(x-1)^2(x+4)^3$　　　(2) $y=(3x-2)(x^2+x+1)^2$

(3) $y=\dfrac{x}{(2x+3)^2}$　　　*(4) $y=\dfrac{3x-2}{(x^2+x+1)^2}$

**104** (1) $y=\left(\dfrac{3x}{x^2+1}\right)^4$　　　*(2) $y=x\sqrt{4-x^2}$

(3) $y=\dfrac{1-x^2}{\sqrt{1+x^2}}$　　　(4) $y=\dfrac{\sqrt{x+2}-\sqrt{x-2}}{\sqrt{x+2}+\sqrt{x-2}}$

**105** 関数 $y=\sqrt[3]{(4x^2+1)^2}$ について，$\dfrac{dy}{dx}$ を次の方法で求めよ。

(1) 両辺を $x$ で微分する　　　(2) 両辺を3乗して，$y$ で微分する

**106** 次の方程式で定められる $x$ の関数 $y$ について，$\dfrac{dy}{dx}$ を求めよ。ただし，

$a$ は正の定数とする。

(1) $xy+x-y=0$　　　*(2) $x^2+xy-2y^2=1$　　(3) $x^{\frac{2}{3}}+y^{\frac{2}{3}}=a^{\frac{2}{3}}$

---

**ヒント** **106** (1) $\dfrac{d}{dx}xy=1\cdot y+x\cdot\dfrac{dy}{dx}$（積の微分法）を利用する。

(2), (3) $\dfrac{d}{dx}y^r=ry^{r-1}\dfrac{dy}{dx}$（$r$ は有理数）を利用する。

# 15 三角・指数・対数関数の微分法

## 例題 39　三角関数の微分法　　　　　　　　　　圀107,108

次の関数を微分せよ。

(1)　$y=\cos(2x+3)$　　　　　　　　(2)　$y=\sin^4 x$

**解**　(1)　$y'=\{\cos(2x+3)\}'$　　　○$\{f(g(x))\}'=f'(g(x))\cdot g'(x)$

　　　　　　$=-\sin(2x+3)\cdot(2x+3)'$

　　　　　　$=-2\sin(2x+3)$

　　　(2)　$y'=(\sin^4 x)'=4\sin^3 x\cdot(\sin x)'$

　　　　　　$=4\sin^3 x\cos x$

| 三角関数の導関数 |
| --- |
| (i)　$(\sin x)'=\cos x$ |
| (ii)　$(\cos x)'=-\sin x$ |
| (iii)　$(\tan x)'=\dfrac{1}{\cos^2 x}$ |

## 例題 40　指数・対数関数の微分法　　　　　　　圀109,110

次の関数を微分せよ。

(1)　$y=\log(x^2+1)$　　　(2)　$y=xe^{2x}$　　　　(3)　$y=3^{x^2}$

**解**　(1)　$y'=\{\log(x^2+1)\}'$　　　○$\{f(g(x))\}'=f'(g(x))\cdot g'(x)$

　　　　　　$=\dfrac{1}{x^2+1}\cdot(x^2+1)'$

　　　　　　$=\dfrac{2x}{x^2+1}$

　　　(2)　$y'=(xe^{2x})'$　　　○$\{f(x)g(x)\}'=f'(x)g(x)+f(x)g'(x)$

　　　　　　$=x'\cdot e^{2x}+x\cdot(e^{2x})'$

　　　　　　$=1\cdot e^{2x}+x\cdot e^{2x}\cdot 2$

　　　　　　$=e^{2x}+2xe^{2x}=(2x+1)e^{2x}$

　　　(3)　$y'=(3^{x^2})'=3^{x^2}\log 3\cdot(x^2)'$

　　　　　　$=3^{x^2}\cdot\log 3\cdot 2x$

　　　　　　$=2\log 3\cdot 3^{x^2}x$

| 対数関数の導関数 |
| --- |
| (i)　$(\log x)'=\dfrac{1}{x}$ |
| (ii)　$(\log_a x)'=\dfrac{1}{x\log a}$ |

| 指数関数の導関数 |
| --- |
| (i)　$(e^x)'=e^x$ |
| (ii)　$(a^x)'=a^x\log a$ |

## 例題 41　対数微分法　　　　　　　　　　　　　圀111,114

関数　$y=x^{\log x}$　を微分せよ。

**解**　$x>0$　より　$x^{\log x}>0$　であるから，

　　与式の両辺の自然対数をとると

　　　$\log y=\log x^{\log x}$

　　　$\log y=(\log x)^2$

　　両辺を $x$ で微分すると

　　　$\dfrac{y'}{y}=2(\log x)\dfrac{1}{x}$

　　よって　$y'=y\cdot\dfrac{2}{x}\log x=2x^{\log x-1}\cdot\log x$

○$\log x$ の真数が $x$
（真数はつねに正）

○$(\log y)'=\dfrac{y'}{y}$

## A

■次の関数を微分せよ。[**107~110**]

**107** (1) $y=\sin(3x-1)$      *(2) $y=3\sin 2x-2\cos 3x$

     *(3) $y=3\tan 4x$        (4) $y=x\cos 2x$      ↩ 例題39

**108** *(1) $y=\sin^2 x$      (2) $y=2\cos^3 x$      (3) $y=-\tan^4 x$

     (4) $y=\sin x\cos x$      *(5) $y=2\cos 3x\cos 2x$      ↩ 例題39

**109** (1) $y=\log(3x+2)$      *(2) $y=\log|x^2-4|$      *(3) $y=\log_{10} 2x$

     (4) $y=(\log x)^3$      (5) $y=x\log x$      *(6) $y=\dfrac{\log x}{x}$    ↩ 例題40

**110** (1) $y=e^{4x}$      *(2) $y=e^{-\frac{1}{2}x^2}$      *(3) $y=5^{-x}$    ↩ 例題40

     (4) $y=x\cdot 3^x$      (5) $y=(x-1)e^{2x}$      *(6) $y=x^2 e^{-x}$

*** 111** 対数微分法により，次の関数を微分せよ。    ↩ 例題41

     (1) $y=\sqrt[4]{(x-1)^2(x+2)^3}$        (2) $y=\dfrac{(x+1)^3}{(x-2)(x+3)^2}$

## B

■次の関数を微分せよ。[**112~114**]

**112** (1) $y=\sin^3(2x+1)$    *(2) $y=\sqrt{1+\cos x}$    (3) $y=\tan(\sin x)$

     *(4) $y=\dfrac{1}{\tan 2x}$      (5) $y=\dfrac{1}{\cos^3 x}$      *(6) $y=\dfrac{\cos x}{1+\sin x}$

**113** (1) $y=e^{\cos x}$        *(2) $y=e^x\sin x$

     (3) $y=\dfrac{1}{2}\log(\tan x)$        (4) $y=\log\left|\dfrac{x+1}{x-1}\right|$

     (5) $y=\dfrac{\sin x-\cos x}{\sin x+\cos x}$        (6) $y=\dfrac{e^x+e^{-x}}{e^x-e^{-x}}$

     (7) $y=3^{\sin 2x}$        *(8) $y=\log(\sqrt{x^2+4}+x)$

**114** (1) $y=x^{\sin x}$  ($x>0$)      (2) $y=x^{\frac{1}{x}}$  ($x>0$)    ↩ 例題41

---

ヒント **108** (5) 積 → 和の公式 $\cos\alpha\cos\beta=\dfrac{1}{2}\{\cos(\alpha+\beta)+\cos(\alpha-\beta)\}$ を利用する。

# 16 媒介変数と導関数／高次導関数

例題 42 **媒介変数で表された関数の微分** 國115,122

$x$ の関数 $y$ が，$t$ を媒介変数として $x=2t-t^2$，$y=6t-2t^3$ で表されるとき，$\dfrac{dy}{dx}$ を $t$ の式で表せ。

**解**　$\dfrac{dx}{dt}=2-2t$，$\dfrac{dy}{dt}=6-6t^2$

であるから

$$\dfrac{dy}{dx}=\dfrac{\dfrac{dy}{dt}}{\dfrac{dx}{dt}}=\dfrac{6-6t^2}{2-2t}$$

$$=\dfrac{6(1+t)(1-t)}{2(1-t)}=3+3t$$

> **媒介変数の微分法**
>
> $x=f(t)$，$y=g(t)$ のとき
> $$\dfrac{dx}{dt}=f'(t),\ \dfrac{dy}{dt}=g'(t)$$
> $$\dfrac{dy}{dx}=\dfrac{g'(t)}{f'(t)}$$

例題 43 **第 2 次導関数，第 3 次導関数** 國116

次の関数の第 2 次導関数，第 3 次導関数を求めよ。

(1)　$y=\dfrac{1}{x}$ 　　　　　(2)　$y=xe^{-x}$

**解**　(1)　$y=x^{-1}$　より　$y'=-x^{-2}$

$$y''=-(-2)\cdot x^{-3}=\dfrac{2}{x^3}$$

$$y'''=2\cdot(-3)\cdot x^{-4}=-\dfrac{6}{x^4}$$

(2)　$y=xe^{-x}$　より　$y'=x'e^{-x}+x(e^{-x})'=(1-x)e^{-x}$

$$y''=(1-x)'e^{-x}+(1-x)(e^{-x})'=(x-2)e^{-x}$$

$$y'''=(x-2)'e^{-x}+(x-2)(e^{-x})'=(3-x)e^{-x}$$

例題 44 **等式の証明** 國117

$y=e^{-x}\cos x$ のとき，等式 $y''+2y'+2y=0$ を証明せよ。

**証明**　$y'=-e^{-x}\cos x+e^{-x}(-\sin x)$

$$=e^{-x}(-\cos x-\sin x)$$

$$y''=-e^{-x}(-\cos x-\sin x)+e^{-x}(\sin x-\cos x)$$

$$=2e^{-x}\sin x$$

よって

$$y''+2y'+2y=2e^{-x}\sin x+2e^{-x}(-\cos x-\sin x)+2e^{-x}\cos x$$

$$=2e^{-x}(\sin x-\cos x-\sin x+\cos x)=0 \quad \text{終}$$

**115** $x$ の関数 $y$ が，$t$ を媒介変数として次の式で表されるとき，$\dfrac{dy}{dx}$ を $t$ の式で表せ。　　　　　　　　　　　　　　　　　　　　　　　↩ 例題42

(1) $x=t^2+1,\ y=2t^3$　　　　　　　(2) $x=\sqrt{1-t^2},\ y=t^2+1$

(3) $x=\cos 2t,\ y=1+\sin t$　　　　(4) $x=3\log t,\ y=t+\dfrac{1}{t}$

**116** 次の関数の第 2 次導関数，第 3 次導関数を求めよ。　　↩ 例題43

(1) $y=x^3-2x^2+5x-3$　　　　*(2) $y=\dfrac{1}{x+1}$

(3) $y=\sin 2x$　　　　　　　　　*(4) $y=x^2e^{-x}$

*(5) $y=e^x\cos x$　　　　　　　　(6) $y=\log_2 x$

**117** 次の等式を証明せよ。ただし，$A$，$B$，$k$ は定数とする。　↩ 例題44

*(1) $y=A\sin kx+B\cos kx$ のとき，$y''+k^2y=0$

(2) $y=\sqrt{1-x^2}$ のとき，$1+(y')^2+yy''=0$

(3) $y=e^{-x}\sin x$ のとき，$y''+2y'+2y=0$

**118** 関数 $f(x)=a\log x+bx+c$ が，$f(1)=-1$，$f'(3)=-1$，$f''(1)=-3$ を満たすとき，定数 $a$，$b$，$c$ の値を求めよ。

**119** 次の関数の第 $n$ 次導関数を推測せよ。（証明はしなくてよい。）

(1) $y=3^x$　　　　　　　　　　　(2) $y=xe^x$

**120** 次の等式を満たす 2 次関数 $f(x)$ を求めよ。
$$f''(x)+xf'(x)-2f(x)=x,\quad f(1)=5$$

**121** 次の関数が等式 $y''=ay'+by$ を満たすとき，定数 $a$，$b$ の値を求めよ。

(1) $y=e^x+e^{-3x}$　　　　　　　(2) $y=e^{2x}\cos x$

**122** 次の関数について，$\dfrac{d^2y}{dx^2}$ を $t$ の式で表せ。　　↩ 例題42

(1) $\begin{cases} x=3t^3 \\ y=9t+1 \end{cases}$　　　　　　(2) $\begin{cases} x=t-\sin t \\ y=1-\cos t \end{cases}$

# 微分可能性／微分係数

微分可能であるための条件

関数 $f(x)=\begin{cases} x^2+ax & (x<2) \\ x+b & (x\geqq2) \end{cases}$ が，$x=2$ で微分可能となるように，定数 $a$，$b$ の値を定めよ。

**解** 関数 $f(x)$ が $x=2$ で微分可能であるとき，

$f(x)$ は $x=2$ で連続であるから

$$\lim_{x\to2-0}f(x)=\lim_{x\to2+0}f(x)=f(2)$$

よって $4+2a=2+b$ より $b=2a+2$ ……①

また

$$\lim_{h\to+0}\frac{f(2+h)-f(2)}{h}$$

$$=\lim_{h\to+0}\frac{(2+h)+b-(2+b)}{h}$$

$$=\lim_{h\to+0}\frac{h}{h}=1$$

$$\lim_{h\to-0}\frac{f(2+h)-f(2)}{h}$$

$$=\lim_{h\to-0}\frac{(2+h)^2+a(2+h)-(2+b)}{h}$$

$$=\lim_{h\to-0}\frac{(2+h)^2+a(2+h)-(2+2a+2)}{h}$$  ●①を代入

$$=\lim_{h\to-0}\frac{h^2+4h+ah}{h}$$

$$=\lim_{h\to-0}(h+4+a)$$

$$=4+a$$

$f'(2)$ が存在するから $4+a=1$

ゆえに $a=-3$

①より $b=-4$

●$f(x)$ は，
$x=a$ で微分可能ならば
$x=a$ で連続

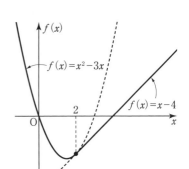

$f(x)=x^2-3x$

$f(x)=x-4$

**エクセル** 関数 $f(x)$ が $x=a$ で微分可能

$$\iff \lim_{h\to-0}\frac{f(a+h)-f(a)}{h}=\lim_{h\to+0}\frac{f(a+h)-f(a)}{h}$$

**123** 次の関数が $x=1$ で微分可能となるように，定数 $a$，$b$ の値を定めよ。

(1) $f(x)=\begin{cases} -2x^2+x+1 & (x\leqq1) \\ x^2+ax+b & (x>1) \end{cases}$

(2) $f(x)=\begin{cases} x^3+(1-a)x^2 & (x<1) \\ ax^2+bx-2 & (x\geqq1) \end{cases}$

## Step UP 例題 46　微分係数

$f(x)$ が $x=a$ で微分可能であるとき，次の極限値を $f'(a)$ で表せ。

$$\lim_{h \to 0} \frac{f(a+2h)-f(a-h)}{h}$$

**解**

$f(a)$ と $-f(a)$ で合わせる

$$(\text{与式})=\lim_{h \to 0} \frac{f(a+2h)-f(a)-f(a-h)+f(a)}{h}$$

$$=\lim_{h \to 0}\left\{\frac{f(a+2h)-f(a)}{h}-\frac{f(a-h)-f(a)}{h}\right\}$$

$$=\lim_{h \to 0}\left\{2\cdot\frac{f(a+2h)-f(a)}{2h}+\frac{f(a-h)-f(a)}{-h}\right\}$$

$$=2f'(a)+f'(a)=3f'(a)$$

◆ 微分係数の定義式
にする変形を考える

**微分係数**

$$\lim_{h \to 0}\frac{f(a+h)-f(a)}{h}=f'(a)$$

$$\lim_{x \to a}\frac{f(x)-f(a)}{x-a}=f'(a)$$

**エクセル** 微分係数 $f'(a)$ ➡ $\lim_{\bullet \to 0}\frac{f(a+\bullet)-f(a)}{\bullet}=f'(a)$ （●には同じものが入る）

**124** $f(x)$ が $x=a$ で微分可能のとき，次の極限値を $f(a)$，$f'(a)$ で表せ。

(1) $\lim_{h \to 0}\dfrac{f(a+4h)-f(a)}{h}$

*(2) $\lim_{h \to 0}\dfrac{f(a+3h)-f(a-2h)}{h}$

*(3) $\lim_{x \to a}\dfrac{x^2 f(a)-a^2 f(x)}{x-a}$

(4) $\lim_{x \to a}\dfrac{x^3 f(x)-a^3 f(a)}{x-a}$

## Step UP 例題 47　微分係数を利用した極限値

極限値 $\lim_{x \to 0}\dfrac{e^x-1}{x}$ を求めよ。

**解**　$f(x)=e^x$ とすると

$$\lim_{x \to 0}\frac{e^x-1}{x}=\lim_{x \to 0}\frac{e^x-e^0}{x-0}$$

$$=\lim_{x \to 0}\frac{f(x)-f(0)}{x-0}=f'(0)$$

◆ 微分係数の定義式
にする変形を考える

ここで，$f'(x)=e^x$ であるから　$f'(0)=1$

よって　$\lim_{x \to 0}\dfrac{e^x-1}{x}=1$

**エクセル** 微分係数 $f'(a)=\lim_{x \to a}\dfrac{f(x)-f(a)}{x-a}$ を利用する（$f(a)$ と $a$ の値で決まる）

**125** 微分係数を利用して，次の極限値を求めよ。

(1) $\lim_{x \to 0}\dfrac{e^{3x}-1}{x}$

(2) $\lim_{x \to 1}\dfrac{\log x}{x-1}$

(3) $\lim_{x \to 0}\dfrac{\tan x}{x}$

# いろいろな関数の導関数

**Step UP 例題 48**　　**高次導関数と関数の決定**

$n$ 次の整式 $f(x)$ が $f''(x)-2f'(x)=12x$, $f(0)=2$ を満たしているとき, 次の問いに答えよ。ただし, $n \geqq 2$ とする。

(1)　$n$ の値を求めよ。　　　　　　　　(2)　$f(x)$ を求めよ。

**解**　(1)　$f(x)$ の最高次の項を $ax^n$ $(a \neq 0)$ とすると　　　　○ $f(x)=ax^n+\cdots$

$\qquad$ $f'(x)$ の最高次の項は　$nax^{n-1}$　　　　　　　　　○ $f'(x)=nax^{n-1}+\cdots$

$\qquad$ $f''(x)$ の最高次の項は　$n(n-1)ax^{n-2}$　　　　　　○ $f''(x)=n(n-1)ax^{n-2}+\cdots$

$\qquad$ よって, $f''(x)-2f'(x)$ の最高次の項は　$-2nax^{n-1}$　　○ $-2f'(x)=-2nax^{n-1}+\cdots$

$\qquad$ これが $12x$ に等しいから

$\qquad$ $-2na=12$　かつ　$n-1=1$

$\qquad$ これを解いて　$\boldsymbol{n=2, a=-3}$

$\quad$ (2)　(1)と $f(0)=2$ より, $f(x)=-3x^2+bx+2$ とおける。　　○ $ax^2+bx+c$
$\qquad\qquad\qquad\qquad\qquad\qquad\qquad\qquad\qquad\qquad\qquad\qquad$ ↑$\quad$ ↑
$\qquad\qquad\qquad\qquad\qquad\qquad\qquad\qquad\qquad\qquad\qquad\quad$ $-3\qquad 2$

$\qquad$ $f'(x)=-6x+b$, $f''(x)=-6$ より　$-6-2(-6x+b)=12x$

$\qquad$ よって　$-6+12x-2b=12x$

$\qquad$ ゆえに　$b=-3$

$\qquad$ したがって　$\boldsymbol{f(x)=-3x^2-3x+2}$

---

**\*126**　$n$ 次の整式 $f(x)$ が $f''(x)-2xf'(x)+6f(x)=0$, $f(1)=-1$ を満たしているとき, 次の問いに答えよ。ただし, $n \geqq 2$ とする。

(1)　$n$ の値を求めよ。　　　　　　　　(2)　$f(x)$ を求めよ。

---

**Step UP 例題 49**　　**$e$ に関する極限値**

極限値 $\displaystyle\lim_{x\to 0}\dfrac{\log(1+2x)}{x}$ を求めよ。

**解**　$(与式)=\displaystyle\lim_{x\to 0}\dfrac{1}{x}\cdot\log(1+2x)=\lim_{x\to 0}\log(1+2x)^{\frac{1}{x}}$

$\qquad$ $2x=t$ とおくと, $x\to 0$ のとき　$t\to 0$ であるから

$\qquad$ $\displaystyle\lim_{x\to 0}\log(1+2x)^{\frac{1}{x}}=\lim_{t\to 0}\log(1+t)^{\frac{2}{t}}$

$\qquad\qquad\qquad\qquad\quad$ $=\displaystyle\lim_{t\to 0}\log\left\{(1+t)^{\frac{1}{t}}\right\}^2$

$\qquad\qquad\qquad\qquad\quad$ $=\log e^2=2$

> **$e$ に関する極限値**
>
> $\displaystyle\lim_{t\to 0}(1+t)^{\frac{1}{t}}=e$

---

**127**　次の極限値を求めよ。

(1)　$\displaystyle\lim_{x\to 0}\dfrac{\log(1+3x)}{x}$　　　　　　(2)　$\displaystyle\lim_{x\to\infty}\left(\dfrac{x}{x+1}\right)^x$

(3)　$\displaystyle\lim_{n\to\infty}\left(1-\dfrac{2}{n}\right)^n$　　　　　　(4)　$\displaystyle\lim_{n\to\infty}\left(1+\dfrac{1}{2n}\right)^{n-1}$

$\displaystyle\sum_{k=1}^{n} x^k$ を用いて，和 $1+2\cdot2+3\cdot2^2+\cdots\cdots+n\cdot2^{n-1}$ を求めよ。

**解**　$x\neq1$ のとき

$$\sum_{k=1}^{n} x^k=x+x^2+x^3+\cdots\cdots+x^n$$

$$=\frac{x(x^n-1)}{x-1}=\frac{x^{n+1}-x}{x-1}$$

| Σ と等比数列の和 |
| --- |
| 初項 $a$，公比 $r$，項数 $n$ $$\sum_{k=1}^{n} ar^{k-1}=\frac{a(1-r^n)}{1-r}$$ $$=\frac{a(r^n-1)}{r-1}$$ |

$x$ で微分すると

$$(x+x^2+x^3+\cdots\cdots+x^n)'=\left(\frac{x^{n+1}-x}{x-1}\right)'$$

$$1+2x+3x^2+\cdots\cdots+nx^{n-1}=\frac{\{(n+1)x^n-1\}(x-1)-(x^{n+1}-x)\cdot1}{(x-1)^2}$$

$$=\frac{nx^{n+1}-(n+1)x^n+1}{(x-1)^2}$$

$x=2$ を代入して

$$1+2\cdot2+3\cdot2^2+\cdots\cdots+n\cdot2^{n-1}=n\cdot2^{n+1}-(n+1)\cdot2^n+1$$

$$=\boldsymbol{(n-1)\cdot2^n+1}$$

---

**128**　$n$ を自然数とし，$x\neq1$ のとき，次の問いに答えよ。

(1)　$1+x+x^2+x^3+\cdots\cdots+x^n$ の和を求めよ。

(2)　(1)で求めた和の微分を利用して，$1+2\cdot3+3\cdot3^2+\cdots\cdots+n\cdot3^{n-1}$ の和を求めよ。

**129**　$(1+x)^n$ の展開式を用いて，次の等式を証明せよ。

$$_n\mathrm{C}_1+2{}_n\mathrm{C}_2+3{}_n\mathrm{C}_3+\cdots\cdots+n{}_n\mathrm{C}_n=n\cdot2^{n-1}$$

**130**　整式 $f(x)=x^n+x^2+1$ を $(x-1)^2$ で割ったときの余りを，微分を利用して求めよ。

**131**　整式 $f(x)$ を $(x-a)^2$ で割ったときの余りを $px+q$ とする。次の問いに答えよ。

(1)　$p,\ q$ を $f(a),\ f'(a)$ を用いて表せ。

(2)　整式 $f(x)$ が $(x-a)^2$ で割り切れるとき，$f(a)=f'(a)=0$ であることを示せ。

(3)　整式 $g(x)=x^8+sx^4+t$ が $(x+1)^2$ で割り切れるとき，定数 $s,\ t$ の値を求めよ。

---

ヒント　**130**　$f(x)$ を $(x-1)^2$ で割ったときの商を $Q(x)$，余りを $ax+b$ とおくと，
$f(x)=(x-1)^2Q(x)+ax+b$ と表せる。

# 19 接線と法線の方程式

例題 51 接線・法線の方程式　　　　　　　　　　　類**132**

曲線 $y=2e^x$ 上の点 $(1,\ 2e)$ における接線と法線の方程式を求めよ。

**解**　$f(x)=2e^x$ とおくと，$f'(x)=2e^x$ より　$f'(1)=2e$

接線の方程式は

$$y-2e=2e(x-1)$$

すなわち　$y=2ex$

法線の方程式は

$$y-2e=-\frac{1}{2e}(x-1)$$

すなわち　$y=-\frac{1}{2e}x+\frac{1}{2e}+2e$

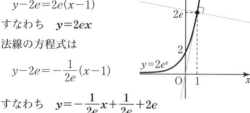

**接線・法線**

曲線 $y=f(x)$ 上の点
$(a,\ f(a))$ における
接線の方程式
　$y-f(a)=f'(a)(x-a)$
法線の方程式
　$y-f(a)=-\dfrac{1}{f'(a)}(x-a)$

例題 52 曲線上にない点から引いた接線　　　　　　類**134**

点 $(1,\ 0)$ を通り，曲線 $y=\log(x-1)$ に接する直線の方程式を求めよ。

**解**　接点の座標を $(a,\ \log(a-1))$ とおく。

$y'=\dfrac{1}{x-1}$ より，接線の方程式は

$$y-\log(a-1)=\frac{1}{a-1}(x-a)\quad\cdots\cdots①$$

この接線が点 $(1,\ 0)$ を通るから

$$0-\log(a-1)=\frac{1}{a-1}(1-a)$$

よって　$a=e+1$

これを①に代入して　$y=\dfrac{1}{e}x-\dfrac{1}{e}$

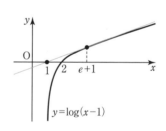

**エクセル**　曲線 $y=f(x)$ に引いた接線 ➡ 接点の座標を $(a,\ f(a))$ とおく

例題 53 2次曲線の接線　　　　　　　　　　　　　類**135**

放物線 $y^2=x$ 上の点 $\mathrm{P}(4,\ 2)$ における接線の方程式を求めよ。

**解**　$y^2=x$ の両辺を $x$ で微分すると，$2yy'=1$

よって，$y\neq0$ のとき　$y'=\dfrac{1}{2y}$

ゆえに，点 P における接線の方程式は

$$y-2=\frac{1}{2\times2}(x-4)$$

すなわち　$y=\dfrac{1}{4}x+1$

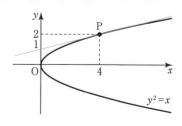

**エクセル**　$y'=(x,\ y\ の式)$ ➡ 接線の傾きは，$x,\ y$ に接点の座標を代入

**132** 次の曲線上の点 P における接線と法線の方程式を求めよ。　↩例題51

(1) $y=-x^4+3x^2+2$, P$(-1,\ 4)$　　(2) $y=\dfrac{x}{x-1}$, P$(2,\ 2)$

*(3) $y=\sqrt{x+6}$, P$(-2,\ 2)$　　　(4) $y=\sqrt{x^2-3}$, P$(2,\ 1)$

*(5) $y=\sin x$, P$\left(\dfrac{\pi}{3},\ \dfrac{\sqrt{3}}{2}\right)$　　(6) $y=\tan\dfrac{x}{2}$, P$\left(\dfrac{\pi}{2},\ 1\right)$

*(7) $y=e\log x$, P$(e,\ e)$　　　　(8) $y=e^{2x}$, P$(1,\ e^2)$

**133** 曲線 $y=x^4-6x^2-4x$ について、次の接線の方程式を求めよ。
(1) $x$ 座標が1である曲線上の点における接線
(2) 傾きが4の接線

*****134** 次の曲線の接線で、与えられた点を通るものを求めよ。　↩例題52

(1) $y=\dfrac{1}{x}$, 点 $(3,\ -1)$　　　(2) $y=\dfrac{e^x}{x}$, 点 $(0,\ 0)$

(3) $y=x\log x$, 点 $(0,\ -2)$

(4) $y=x\sin x\ (0<x\le\pi)$, 点 $(0,\ 0)$

**135** 次の曲線上の点 P における接線の方程式を求めよ。　↩例題53

(1) $y^2=2x$, P$(2,\ -2)$　　　(2) $x^2+16y^2=16$, P$\left(2\sqrt{3},\ \dfrac{1}{2}\right)$

(3) $x^2-y^2=1$, P$(-3,\ 2\sqrt{2})$　　(4) $\sqrt{x}+\sqrt{y}=5$, P$(9,\ 4)$

**136** 双曲線 $\dfrac{x^2}{a^2}-\dfrac{y^2}{b^2}=1$ 上の点 P$(x_1,\ y_1)$ における接線の方程式は

$\dfrac{x_1 x}{a^2}-\dfrac{y_1 y}{b^2}=1$ であることを示せ。ただし $a>0$, $b>0$ とする。

**137** 楕円 $\dfrac{x^2}{4}+\dfrac{y^2}{9}=1$ の接線で、点 $(4,\ 0)$ を通り、傾きが負である接線の方程式を求めよ。また、接点における法線の方程式を求めよ。

───────────────

**ヒント** **137** まず、接点を P$(x_1,\ y_1)$ とおき、その接点における接線の傾きを $x_1$, $y_1$ を用いて表す。

# 20 媒介変数と接線／平均値の定理

媒介変数で表された曲線の接線 　　　　　類**138**

$t$ を媒介変数として $x=4\cos t$, $y=2\sin t$ で表される曲線について，$t=\dfrac{\pi}{4}$ に対応する点 P における接線の方程式を求めよ。

**解**　$t=\dfrac{\pi}{4}$ のとき　$P(2\sqrt{2},\ \sqrt{2})$

$\dfrac{dx}{dt}=-4\sin t$, $\dfrac{dy}{dt}=2\cos t$ より

$\dfrac{dy}{dx}=-\dfrac{\cos t}{2\sin t}$　　$\dfrac{dy}{dx}=\dfrac{\dfrac{dy}{dt}}{\dfrac{dx}{dt}}$

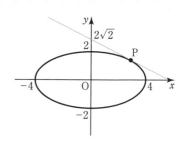

よって，接線の傾きは　$-\dfrac{\cos\dfrac{\pi}{4}}{2\sin\dfrac{\pi}{4}}=-\dfrac{1}{2}$

ゆえに，接線の方程式は

$y-\sqrt{2}=-\dfrac{1}{2}(x-2\sqrt{2})$　すなわち　$\boldsymbol{y=-\dfrac{1}{2}x+2\sqrt{2}}$

---

例題 55　平均値の定理と不等式の証明　　　　　類**141**

$0<a<b$ のとき，$1-\dfrac{a}{b}<\log\dfrac{b}{a}<\dfrac{b}{a}-1$ が成り立つことを平均値の定理を用いて証明せよ。

**解**　$f(x)=\log x$ とおくと，

$f(x)$ は $x>0$ で微分可能で $f'(x)=\dfrac{1}{x}$

区間 $[a,\ b]$ において平均値の定理より

$\dfrac{\log b-\log a}{b-a}=\dfrac{1}{c}$, $a<c<b$

を満たす $c$ が存在する。

ここで，$0<a<c<b$ より

$\dfrac{1}{a}>\dfrac{1}{c}>\dfrac{1}{b}$ であるから

$\dfrac{1}{b}<\dfrac{\log b-\log a}{b-a}<\dfrac{1}{a}$

$b-a>0$ より，各辺に $b-a$ を掛けて

$\dfrac{b-a}{b}<\log b-\log a<\dfrac{b-a}{a}$

よって　$1-\dfrac{a}{b}<\log\dfrac{b}{a}<\dfrac{b}{a}-1$　終

> **平均値の定理**
>
> 関数 $f(x)$ が
> $[a,\ b]$ で連続，$(a,\ b)$ で
> 微分可能
> $\Longrightarrow\ \dfrac{f(b)-f(a)}{b-a}=f'(c),$
> 　　$a<c<b$
> を満たす $c$ が，少なくとも
> 1つ存在する。

## A

*138 $t$ を媒介変数として次のように表された曲線について，与えられた $t$ の値 に対応する点 P における接線の方程式を求めよ。　　　　　↪例題54

(1) $\begin{cases} x=t^2 \\ y=2t \end{cases}$ $(t=3)$

(2) $\begin{cases} x=\dfrac{1+t^2}{1-t^2} \\ y=\dfrac{2t}{1-t^2} \end{cases}$ $(t=-3)$

(3) $\begin{cases} x=e^{-t} \\ y=2e^{-2t} \end{cases}$ $(t=2)$

(4) $\begin{cases} x=\cos^3 t \\ y=\sin^3 t \end{cases}$ $\left(t=\dfrac{\pi}{6}\right)$

(5) $\begin{cases} x=2(t-\sin t) \\ y=2(1-\cos t) \end{cases}$ $\left(t=\dfrac{\pi}{3}\right)$

(6) $\begin{cases} x=\dfrac{1}{\cos t} \\ y=2\tan t \end{cases}$ $\left(t=\dfrac{\pi}{4}\right)$

139 次の関数 $f(x)$ と示された区間において，平均値の定理の式を満たす $c$ の値を求めよ。

(1) $f(x)=\sqrt{x}$, $[1,\ 4]$

(2) $f(x)=\dfrac{3}{x}$, $[1,\ 3]$

(3) $f(x)=e^x$, $[0,\ 1]$

(4) $f(x)=\sin x$, $[0,\ \pi]$

## B

140 $t$ を媒介変数として $x=\cos t+t\sin t$, $y=\sin t-t\cos t$ で表される曲線 について，次の問いに答えよ。

(1) $t=\dfrac{2}{3}\pi$ に対応する点 P における法線 $h$ の方程式を求めよ。

(2) 法線 $h$ は円 $x^2+y^2=1$ に接することを示し，接点の座標を求めよ。

141 平均値の定理を用いて，次のことを証明せよ。　　　　　↪例題55

(1) $0<\alpha<\beta<\dfrac{\pi}{2}$ のとき，$\cos\alpha-\cos\beta<\beta-\alpha$

(2) $\dfrac{1}{e^2}<a<b<1$ のとき，$a-b<b\log b-a\log a<b-a$

142 平均値の定理を用いて，次の極限値を求めよ。

(1) $\displaystyle\lim_{x\to+0}\dfrac{\cos 2x-\cos x}{x}$

(2) $\displaystyle\lim_{x\to\infty}x\{\log(x+1)-\log x\}$

───

**ヒント** 142 はさみうちの原理を用いて極限値を求めることができるように，平均値の定理を用いて，必要な不等式をつくり出す。

43

2章 微分法

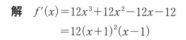

# 21 関数の増減と極値

**例題 56** 増減・極値 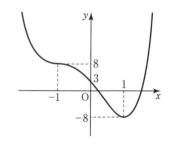 類**143**

関数 $f(x)=3x^4+4x^3-6x^2-12x+3$ の増減を調べて，極値を求めよ。

**解** $f'(x)=12x^3+12x^2-12x-12$

$\qquad =12(x+1)^2(x-1)$

$f'(x)=0$ とすると $x=\pm1$

よって，増減表は下のようになる。

| $x$ | $\cdots$ | $-1$ | $\cdots$ | $1$ | $\cdots$ |
|---|---|---|---|---|---|
| $f'(x)$ | $-$ | $0$ | $-$ | $0$ | $+$ |
| $f(x)$ | $\searrow$ | $8$ | $\searrow$ | $-8$ | $\nearrow$ |

ゆえに，**極大値はない**

$\qquad x=1$ のとき極小値 $-8$

（注）$f'(-1)=0$ であるが，$f(x)$ は $x=-1$ で極値をとらない。

**エクセル** 極値 ➡ $f'(x)=0$ を解いて，その $x$ の値の前後で $f'(x)$ の符号を調べる

**例題 57** 極値からの関数決定 類**149**

関数 $f(x)=\dfrac{ax^2+bx+4}{x^2+1}$ が $x=1$ で極大値 $7$ をとるとき，定数 $a$, $b$ の値を求めよ。

**解** $f(1)=7$ より $a+b=10$ ……①

また $f'(x)=\dfrac{(2ax+b)(x^2+1)-(ax^2+bx+4)\cdot2x}{(x^2+1)^2}$

$\qquad =\dfrac{-bx^2+2(a-4)x+b}{(x^2+1)^2}$ であるから

$f'(1)=0$ より $a-4=0$ ……② ◉ 極値をもつための必要条件

①，②を解いて $a=4$, $b=6$

このとき

$\qquad f'(x)=\dfrac{-6(x-1)(x+1)}{(x^2+1)^2}$

よって，増減表は下のようになる。

| $x$ | $\cdots$ | $-1$ | $\cdots$ | $1$ | $\cdots$ |
|---|---|---|---|---|---|
| $f'(x)$ | $-$ | $0$ | $+$ | $0$ | $-$ |
| $f(x)$ | $\searrow$ | $1$ | $\nearrow$ | $7$ | $\searrow$ |

ゆえに，$x=1$ で極大値 $7$ をとり，条件を満たす。

したがって $a=4$, $b=6$

**エクセル** 極値の必要条件 ➡ $f(x)$ が $x=\alpha$ で極値をとる $\rightleftarrows$ $f'(\alpha)=0$

**\*143** 次の関数の増減を調べて，極値を求めよ。 ← 例題56

(1) $f(x)=\dfrac{1}{4}x^4-4x^2+12$    (2) $f(x)=\dfrac{x+1}{x^2+3}$

(3) $f(x)=x^2e^{-2x}$    (4) $f(x)=x-2\cos x \ (0\leqq x\leqq2\pi)$

**144** 次の関数の増減を調べて，極値を求めよ。

(1) $f(x)=\dfrac{x^2-3}{x-2}$    (2) $f(x)=\dfrac{x}{\sqrt{x-1}}$

\*(3) $f(x)=\dfrac{1+\log x}{x}$    (4) $f(x)=x^3\log x$

**\*145** 次の関数は極値をもたないことを示せ。

(1) $f(x)=x+\sin x\cos x$    (2) $f(x)=\dfrac{x^2+1}{e^x}$

**146** 次の関数の極値を求めよ。

(1) $f(x)=|x^2+3x|$    (2) $f(x)=|x-2|\sqrt{x+1}$
(3) $f(x)=|x|\sqrt{1-x^2}$    (4) $f(x)=\sqrt[5]{x^3}$

**147** 次の関数が極値をもつように，定数 $k$ の値の範囲を定めよ。

(1) $f(x)=2xe^{kx}$    (2) $f(x)=\dfrac{x^2+kx}{x+2}$

**148** 関数 $f(x)=x^2+ax+b\log x$ が $x=1$ と $x=3$ で極値をとるとき，定数 $a$，$b$ の値を求めよ。

**149** 関数 $f(x)=\dfrac{ax+b}{x^2-x+1}$ が $x=2$ で極大値1をとるとき，定数 $a$，$b$ の値を求めよ。また，$f(x)$ の極小値を求めよ。 ← 例題57

**150** 関数 $f(x)=x+\dfrac{a}{x}$ の極小値が4となるように，定数 $a$ の値を求めよ。

---

**ヒント** **150** $f'(x)=\dfrac{x^2-a}{x^2}$ について，$\dfrac{x^2-a}{x^2}=0$ は，$a>0$ のときには解をもつが，$a\leqq0$ のときには解をもたない。このことから，場合分けをして考える。

# 22 関数とそのグラフ

分数関数のグラフ　　　　　　　　　　　　　　　　　題152,155

関数 $y=\dfrac{x^2+4}{x}$ の増減，極値，曲線の凹凸を調べて，そのグラフをかけ。

**解**　定義域は $x\neq0$

$y'=\dfrac{x^2-4}{x^2}$, $y''=\dfrac{8}{x^3}$ であるから，増減，凹凸は下の表のようになる。

| $x$ | $\cdots$ | $-2$ | $\cdots$ | $0$ | $\cdots$ | $2$ | $\cdots$ |
|---|---|---|---|---|---|---|---|
| $y'$ | $+$ | $0$ | $-$ | | $-$ | $0$ | $+$ |
| $y''$ | $-$ | $-$ | $-$ | | $+$ | $+$ | $+$ |
| $y$ | $\nearrow$ | $-4$ | $\searrow$ | | $\searrow$ | $4$ | $\nearrow$ |

よって，$x=-2$ のとき　極大値 $-4$

$\qquad\qquad x=2$ のとき　極小値 $4$

ここで，$y=x+\dfrac{4}{x}$ であるから

$$\lim_{x\to\pm\infty}(y-x)=\lim_{x\to\pm\infty}\dfrac{4}{x}=0$$

また　$\lim_{x\to+0}y=\infty$, $\lim_{x\to-0}y=-\infty$
であるから　漸近線は $y=x$ と $x=0$
よって，グラフは右の図のようになる。

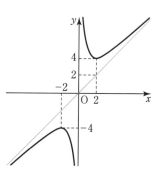

**エクセル**　分数関数のグラフ ➡ $\lim_{x\to\pm\infty}\{y-(mx+n)\}=0$ のとき，$y=mx+n$ は漸近線

**無理関数のグラフ**　　　　　　　　　　　　　　　　　題157

関数 $y=x\sqrt{8-x}$ の増減，極値，曲線の凹凸を調べて，そのグラフをかけ。

**解**　定義域は $8-x\geqq0$ より　$x\leqq8$

$y'=\dfrac{16-3x}{2\sqrt{8-x}}$, $y''=\dfrac{-32+3x}{4(8-x)\sqrt{8-x}}$ であるから，増減，凹凸は下の表のようになる。

よって

$x=\dfrac{16}{3}$ のとき

極大値 $\dfrac{32\sqrt{6}}{9}$

極小値はない

| $x$ | $\cdots$ | $\dfrac{16}{3}$ | $\cdots$ | $8$ |
|---|---|---|---|---|
| $y'$ | $+$ | $0$ | $-$ | |
| $y''$ | $-$ | $-$ | $-$ | |
| $y$ | $\nearrow$ | $\dfrac{32\sqrt{6}}{9}$ | $\searrow$ | $0$ |

$\lim_{x\to-\infty}y=-\infty$, $\lim_{x\to8-0}y'=-\infty$
これらより，グラフは右の図のようになる。

**エクセル**　無理関数のグラフ ➡ 定義域は （$\sqrt{\phantom{x}}$ の中）$\geqq0$ となる $x$ の値全体

**151** 次の関数の増減，極値，曲線の凹凸，変曲点を調べて，そのグラフをかけ。

(1) $y=x^4-2x^2$　　　　(2) $y=x^4-6x^2-8x+10$

**152** 次の関数の増減，極値，曲線の凹凸，変曲点を調べて，そのグラフをかけ。

(1) $y=\dfrac{2}{x^2+2}$　　　　(2) $y=\dfrac{4x}{x^2+2}$　　←例題58

**153** 次の関数の増減，極値，曲線の凹凸，変曲点を調べて，そのグラフをかけ。

ただし，$\lim\limits_{x\to-\infty}xe^x=0$，$\lim\limits_{x\to\infty}\dfrac{\log x}{x}=0$ を用いてもよい。

(1) $y=xe^x$　　　　(2) $y=\dfrac{\log x}{x}$

**154** 第2次導関数を利用して，次の関数の極値を求めよ。

(1) $f(x)=x^3e^{-x}$　$(x>0)$　　(2) $f(x)=e^x\cos x$　$(0\leqq x\leqq2\pi)$

**155** 次の関数の増減，極値，曲線の凹凸を調べて，そのグラフをかけ。

(1) $y=\dfrac{x^2-3}{x-2}$　　　(2) $y=\dfrac{x^2+3x+3}{x+1}$　←例題58

(3) $y=\dfrac{2}{x^2-1}$　　　(4) $y=\dfrac{x^3}{x^2-1}$

**156** 次の関数の増減，極値，曲線の凹凸を調べて，そのグラフをかけ。

(1) $y=e^{-2x^2}$　　　　(2) $y=\dfrac{2}{1+e^x}$

**157** 次の関数の増減，極値，曲線の凹凸を調べて，そのグラフをかけ。

(1) $y=x\sqrt{1-x^2}$　　　(2) $y=-x+\sqrt{1-x^2}$　←例題59

**158** 次の関数の増減，極値，曲線の凹凸を調べて，そのグラフをかけ。

(1) $y=x+\sin x$　$(-2\pi\leqq x\leqq2\pi)$

(2) $y=2\sin x-\sin^2x$　$(0\leqq x\leqq2\pi)$

# 接線，関数の増減の応用

定点から曲線に引く接線の本数

定点 $P(a, 0)$ から曲線 $y=xe^{-x}$ に，異なる 2 本の接線が引けるように
定数 $a$ の値の範囲を定めよ。

**解** $y=xe^{-x}$ より $y'=e^{-x}(1-x)$

接点を $(t, te^{-t})$ とおくと，接線の方程式は

$$y-te^{-t}=e^{-t}(1-t)(x-t)$$

この接線が点 $P(a, 0)$ を通るから

$$-te^{-t}=e^{-t}(1-t)(a-t)$$

両辺を $e^{-t}(>0)$ で割って整理すると

$$t^2-at+a=0 \quad \cdots\cdots①$$

異なる 2 本の接線が引けるのは，①が異なる 2 つの実数解をもつとき。

よって，①の判別式を $D$ とすると

$$D=(-a)^2-4a=a(a-4)>0$$

ゆえに **$a<0, 4<a$**

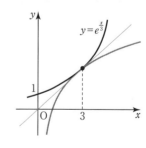

*__159__ 定点 $(a, 0)$ から曲線 $y=\dfrac{1}{x^2+1}$ に，異なる 2 本の接線が引けるように
定数 $a$ の値の範囲を定めよ。

共通接線

2 曲線 $y=e^{\frac{x}{3}}$ と $y=a\sqrt{2x-2}+b$ が，$x$ 座標が 3 の点で共有点をもち，
その共有点における接線が一致するとき，定数 $a$, $b$ の値を求めよ。

**解** $f(x)=e^{\frac{x}{3}}$, $g(x)=a\sqrt{2x-2}+b$ とおくと

$$f'(x)=\frac{1}{3}e^{\frac{x}{3}}, \quad g'(x)=\frac{a}{\sqrt{2x-2}}$$

$x=3$ の点で接するから

$f(3)=g(3)$ かつ $f'(3)=g'(3)$ より

$$e=2a+b \quad \cdots\cdots①, \quad \frac{1}{3}e=\frac{a}{2} \quad \cdots\cdots②$$

①，②を解いて **$a=\dfrac{2}{3}e, \ b=-\dfrac{1}{3}e$**

**エクセル** 2 曲線 $y=f(x)$, $y=g(x)$ が $x=t$ で接する

➡ $f(t)=g(t)$ かつ $f'(t)=g'(t)$

__160__ 2 曲線 $y=ax^2+bx$ と $y=\log x$ が，$x$ 座標が 1 の点で交わり，その点に
おける接線が直交するとき，定数 $a$, $b$ の値を求めよ。

**161** 2曲線 $y=e^x$ と $y=\sqrt{x+k}$ が共有点をもち，その共有点における接線が一致するとき，定数 $k$ の値と接線の方程式を求めよ。

**162** 2曲線 $y=e^x$ ……① と $y=-\dfrac{1}{e^x}$ ……②について，次の問いに答えよ。

(1) 曲線①上の点を $(s,\ e^s)$，曲線②上の点を $\left(t,\ -\dfrac{1}{e^t}\right)$ とするとき，これらの点における接線の方程式をそれぞれ $s$ と $t$ を用いて表せ。

(2) ①と②の共通接線の方程式を求めよ。

---

**Step UP 例題 62**　**媒介変数表示の曲線のグラフ**

$t$ を媒介変数として，$x=3t^2-1$，$y=3t^3-t$ で表される曲線を考える。$y$ を $x$ の関数と考えて，この曲線を $xy$ 平面上に図示せよ。

**解**　$\dfrac{dx}{dt}=6t$ より $\dfrac{dx}{dt}=0$ とすると $t=0$

このとき $x=-1$，$y=0$

$\dfrac{dy}{dt}=9t^2-1$ より $\dfrac{dy}{dt}=0$ とすると $t=\pm\dfrac{1}{3}$

このとき $x=-\dfrac{2}{3}$，$y=\mp\dfrac{2}{9}$ （複号同順）

$t$ に対する $x$，$y$ の増減表は下のようになる。

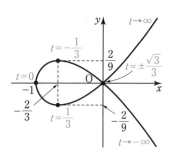

| $t$ | $\cdots$ | $-\dfrac{1}{3}$ | $\cdots$ | $0$ | $\cdots$ | $\dfrac{1}{3}$ | $\cdots$ |
|---|---|---|---|---|---|---|---|
| $\dfrac{dx}{dt}$ | $-$ | $-$ | $-$ | $0$ | $+$ | $+$ | $+$ |
| $x$ | $\leftarrow$ | $-\dfrac{2}{3}$ | $\leftarrow$ | $-1$ | $\rightarrow$ | $-\dfrac{2}{3}$ | $\rightarrow$ |
| $\dfrac{dy}{dt}$ | $+$ | $0$ | $-$ | $-$ | $-$ | $0$ | $+$ |
| $y$ | $\uparrow$ | $\dfrac{2}{9}$ | $\downarrow$ | $0$ | $\downarrow$ | $-\dfrac{2}{9}$ | $\uparrow$ |

$x$ 軸との交点は，$y=0$ とすると $t=0$，$\pm\dfrac{\sqrt{3}}{3}$ であるから $(-1,\ 0)$，$(0,\ 0)$

また $\displaystyle\lim_{t\to\infty}x=\infty$，$\displaystyle\lim_{t\to\infty}y=\infty$，$\displaystyle\lim_{t\to-\infty}x=\infty$，$\displaystyle\lim_{t\to-\infty}y=-\infty$

これらより，グラフは右上の図のようになる。

---

*\***163** $t$ を媒介変数として，$x=3t^2$，$y=3t-t^3$ で表される曲線を考える。$y$ を $x$ の関数と考えて，この曲線を $xy$ 平面上に図示せよ。

---

**ヒント** **162** (2) (1)で求めた①と②の接線を等しいとおく。

# 24 最大値・最小値

$y=\dfrac{x}{x^2+x+1}$ の最大値と最小値を求めよ。また，そのときの $x$ の値を求めよ。

**解**　$y'=\dfrac{(x^2+x+1)-x(2x+1)}{(x^2+x+1)^2}=-\dfrac{(x+1)(x-1)}{(x^2+x+1)^2}$

よって，増減表は右のようになり，

$$\lim_{x\to+\infty}\frac{x}{x^2+x+1}=0,\quad \lim_{x\to-\infty}\frac{x}{x^2+x+1}=0$$

ゆえに

$x=1$ のとき　最大値 $\dfrac{1}{3}$

$x=-1$ のとき　最小値 $-1$

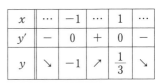

| $x$ | $\cdots$ | $-1$ | $\cdots$ | $1$ | $\cdots$ |
|---|---|---|---|---|---|
| $y'$ | $-$ | $0$ | $+$ | $0$ | $-$ |
| $y$ | $\searrow$ | $-1$ | $\nearrow$ | $\dfrac{1}{3}$ | $\searrow$ |

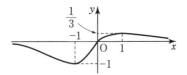

**エクセル**　最大・最小 ➡ 定義域内の増減，極値と両端の関数値の状態を調べる
　　　　　　　定義域が実数全体のときは $\displaystyle\lim_{x\to\infty}f(x)$, $\displaystyle\lim_{x\to-\infty}f(x)$ を調べる

曲線 $y=\dfrac{1}{x^2}$ $(x>0)$ 上の点 A における接線が，$x$ 軸，$y$ 軸と交わる点をそれぞれ P, Q とする。点 A がこの曲線上を動くとき，線分 PQ の長さの最小値を求めよ。

**解**　$y'=-\dfrac{2}{x^3}$ より，点 $\mathrm{A}\left(t,\ \dfrac{1}{t^2}\right)$ における接線の方程式は

$$y-\frac{1}{t^2}=-\frac{2}{t^3}(x-t)\quad \text{すなわち}\quad y=-\frac{2}{t^3}x+\frac{3}{t^2}$$

よって，P, Q の座標は　$\mathrm{P}\left(\dfrac{3}{2}t,\ 0\right)$, $\mathrm{Q}\left(0,\ \dfrac{3}{t^2}\right)$

ここで，$\mathrm{PQ}^2=f(t)$ とすると　$(t>0)$

$$f(t)=\left(\frac{3}{2}t\right)^2+\left(\frac{3}{t^2}\right)^2=\frac{9}{4}\left(t^2+\frac{4}{t^4}\right)$$

$$f'(t)=\frac{9}{4}\left(2t-\frac{16}{t^5}\right)=\frac{9(t^6-8)}{2t^5}$$

$f'(t)=0$ とすると　$t^6=8$　すなわち　$t^6=2^3$

これより　$t^2=2$　$t>0$ から　$t=\sqrt{2}$

ゆえに，増減表は右のようになり，

$t=\sqrt{2}$ のとき　最小値 $\sqrt{\dfrac{27}{4}}=\dfrac{3\sqrt{3}}{2}$

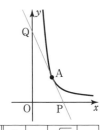

| $t$ | $0$ | $\cdots$ | $\sqrt{2}$ | $\cdots$ |
|---|---|---|---|---|
| $f'(t)$ | | $-$ | $0$ | $+$ |
| $f(t)$ | | $\searrow$ | $\dfrac{27}{4}$ | $\nearrow$ |

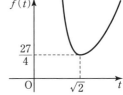

## A

**164** 次の関数について，与えられた区間における最大値と最小値を求めよ。また，そのときの $x$ の値を求めよ。

*(1) $y=x-\sqrt{x}$ $(0\le x\le 4)$

(2) $y=\cos x(1+\sin x)$ $(0\le x\le 2\pi)$

**165** 次の関数の最大値と最小値を求めよ。また，そのときの $x$ の値を求めよ。

*(1) $y=\dfrac{1-x}{2+x^2}$

(2) $y=|x|e^x$ （ただし $\lim\limits_{x\to-\infty}xe^x=0$）

*(3) $y=x\sqrt{2x-x^2}$

(4) $y=\dfrac{1}{\sqrt{x^3}}-\dfrac{3}{\sqrt{x}}$ ↩ 例題63

## B

***166** 曲線 $y=\dfrac{\sqrt{3}}{x}$ $(x>0)$ 上の1点における接線と法線が，$x$ 軸と交わる点をそれぞれ A，B とする。このとき，線分 AB の長さの最小値を求めよ。

↩ 例題64

**167** 次の関数の最大値と最小値を求めよ。また，そのときの $x$ の値を求めよ。ただし，$\lim\limits_{x\to+0}x^2\log x=0$，$\lim\limits_{x\to\infty}\dfrac{\log x}{x^2}=0$ を用いてもよい。

*(1) $y=x^2\log x$

(2) $y=\dfrac{\log x}{x^2}$

**168** 関数 $f(x)=\dfrac{2ax}{x^2-x+1}$ $(a>0)$ の最大値が 4 となるように，定数 $a$ の値を求めよ。

**169** 関数 $f(x)=x-k\log x$ $(x\ge 1)$ の最小値が $\dfrac{k}{2}$ となるように，正の定数 $k$ の値を求めよ。

**170** AB を直径とする定半円周上の動点 P から AB に平行弦 PQ を引き，台形 PABQ をつくる。円の中心を O とし，AB$=2a$，$\angle$AOP$=\theta$ とするとき，次の問いに答えよ。

(1) 台形 PABQ の面積 $S$ を $\theta$ を用いて表せ。

(2) この台形の面積 $S$ の最大値を求めよ。

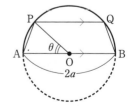

ヒント **170** 台形 PABQ は等脚台形。PQ$=2\times a\cos\theta$，高さは $a\sin\theta$

# Step UP 25 方程式・不等式への応用

## Step UP 例題 65　不等式への応用

$x>0$ のとき $\log(1+x)>x-\dfrac{1}{2}x^2$ が成り立つことを証明せよ。

**解**　$f(x)=\log(1+x)-\left(x-\dfrac{1}{2}x^2\right)$ とおくと

$$f'(x)=\dfrac{1}{1+x}-1+x=\dfrac{x^2}{1+x}$$

よって，$x>0$ のとき $f'(x)>0$ であるから

$f(x)$ は $x\geqq 0$ で増加する。

ゆえに，$x>0$ のとき　$f(x)>f(0)$

ここで，$f(0)=0$ であるから　$f(x)>0$　　　　⟲ $x=0$ のときの値を調べる

したがって　$\log(1+x)>x-\dfrac{1}{2}x^2$ 　終

**エクセル**　$g(x)>h(x)$ の証明 ➡ $f(x)=g(x)-h(x)$ とおき，$f(x)>0$ を示す

$f(x)>a$ の証明 ➡ ($f(x)$ の最小値)$>a$ を示す

- - - - - - - - - - - - - - - - - - - - - - - - - - - - - - - - - - - - - - - - - - - - - - - - - - - - - - - - - - - -

**171**　次の不等式が成り立つことを証明せよ。

(1)　$x>1$ のとき　$x-1>\log x$

(2)　$x>0$ のとき　$e^x>1+\sin x$

**172**　次の不等式が成り立つことを証明せよ。

(1)　$0\leqq x\leqq \pi$ のとき　$x+1>2\sin x$

(2)　$x>0$ のとき　$\dfrac{x}{2}>\log\dfrac{x}{x+1}$

**173**　次の不等式が成り立つことを証明せよ。

(1)　$x>0$ のとき　$x-x^2<\sin x$

(2)　$0<x<1$ のとき　$x\log x+\log(2-x)>0$

**174**　次の不等式がつねに成り立つような定数 $a$ の値の範囲を求めよ。

(1)　$x>0$ のとき　$(x^2+1)e^x>ax^2$

(2)　$\dfrac{\pi}{6}\leqq x\leqq \dfrac{\pi}{3}$ のとき　$\sin x+a\cos x\geqq a$

- - - - - - - - - - - - - - - - - - - - - - - - - - - - - - - - - - - - - - - - - - - - - - - - - - - - - - - - - - - -

**ヒント**　**173**　$f'(x)$ を求めても $f'(x)$ の正，0，負の判断ができない場合，$f''(x)$ を求めて $f'(x)$ の符号を調べる。

**174**　$f(x)>a$ の形に変形して，$f(x)$ の最小値を求める。

方程式 $\log x - ax^2 = 0$ の異なる実数解の個数を調べよ。ただし，$a$ は定数，$\displaystyle\lim_{x\to\infty}\frac{\log x}{x^2}=0$ とする。

**解** 真数は正であるから $x>0$

このとき，方程式を $\dfrac{\log x}{x^2}=a$ と変形すると，求める実数解の個数は，

$y=\dfrac{\log x}{x^2}$ と $y=a$ のグラフの共有点の個数と一致する。

$y=\dfrac{\log x}{x^2}$ より $y'=\dfrac{1-2\log x}{x^3}$

$y'=0$ とすると $x=\sqrt{e}$

よって，$x>0$ における増減表は右のようになる。

| $x$ | $0$ | $\cdots$ | $\sqrt{e}$ | $\cdots$ |
|---|---|---|---|---|
| $y'$ | | $+$ | $0$ | $-$ |
| $y$ | | $\nearrow$ | $\dfrac{1}{2e}$ | $\searrow$ |

また，$\displaystyle\lim_{x\to+0}\frac{\log x}{x^2}=-\infty$, $\displaystyle\lim_{x\to\infty}\frac{\log x}{x^2}=0$ より，

グラフは右の図のようになる。

ゆえに，求める実数解の個数は

$a\leqq 0$, $a=\dfrac{1}{2e}$ のとき　1個

$0<a<\dfrac{1}{2e}$ のとき　2個

$a>\dfrac{1}{2e}$ のとき　0個

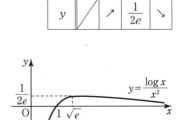

**エクセル** 　$f(x)=a$ の異なる実数解の個数

　　　　　　　 ➡ $y=f(x)$ と $y=a$ のグラフの共有点の個数を調べる

----

*\***175**　方程式 $\dfrac{3}{4}x^4+x^3-3x^2-a=0$ が異なる4個の実数解をもつような定数 $a$ の値の範囲を定めよ。また，このときの解の符号を調べよ。

*\***176**　$a$ を定数とするとき，次の方程式の異なる実数解の個数を調べよ。

(1) $x^2=ae^x$ $\left(\text{ただし，任意の自然数 } n \text{ に対して} \displaystyle\lim_{x\to\infty}\frac{x^n}{e^x}=0\right)$

(2) $x\log x-2x-a=0$ $\left(\text{ただし，}\displaystyle\lim_{x\to+0}x\log x=0\right)$

**177**　方程式 $\dfrac{1}{1+e^{-x}}=x$ はただ1つの実数解をもつことを示せ。

**178**　点 $\mathrm{P}(a,\ 0)$ から曲線 $y=(1-x)e^x$ に引ける接線の本数を調べよ。

## 26 速度・加速度／近似値

**例題 67** 　平面上を運動する点の速度・加速度　　　　　　　　類**180**

座標平面上を運動する点 P の時刻 $t$ における座標 $(x, y)$ が

$x = t + 1$, $y = -3t^2 + 6t + 9$ で表されるとき，次の問いに答えよ。

(1) 速度 $\vec{v}$ と加速度 $\vec{a}$ を求めよ。　　　(2) 速さ $|\vec{v}|$ を求めよ。

**解**　(1) $\dfrac{dx}{dt} = 1$, $\dfrac{dy}{dt} = -6t + 6$ より，速度は

$$\vec{v} = (1,\ -6t + 6)$$

$\dfrac{d^2x}{dt^2} = 0$, $\dfrac{d^2y}{dt^2} = -6$ より，加速度は

$$\vec{a} = (0,\ -6)$$

(2) 速さは

$$|\vec{v}| = \sqrt{1^2 + (-6t+6)^2} = \sqrt{36t^2 - 72t + 37}$$

> **速度・加速度・速さ**
>
> 点 P の運動が媒介変数 $t$ で
> 表されるとき
>
> 速　度　$\vec{v} = \left(\dfrac{dx}{dt},\ \dfrac{dy}{dt}\right)$
>
> 加速度　$\vec{a} = \left(\dfrac{d^2x}{dt^2},\ \dfrac{d^2y}{dt^2}\right)$
>
> 速　さ　$|\vec{v}| = \sqrt{\left(\dfrac{dx}{dt}\right)^2 + \left(\dfrac{dy}{dt}\right)^2}$

**エクセル** 　位置 $\xrightarrow{微分}$ 速度 $\xrightarrow{微分}$ 加速度

**例題 68** 　いろいろな量の変化率　　　　　　　　　　　　類**184**

球状の風船の表面積が毎秒 $4\pi\,\mathrm{cm}^2$ の割合で一様に増加しているとき，風船の半径が $10\,\mathrm{cm}$ になった瞬間の体積の増加する割合を求めよ。

**解**　$t$ 秒後の半径を $r\,\mathrm{cm}$，表面積を $S\,\mathrm{cm}^2$，体積を $V\,\mathrm{cm}^3$ とすると

$$S = 4\pi r^2, \quad V = \frac{4}{3}\pi r^3$$

それぞれの両辺を $t$ で微分すると

$$\frac{dS}{dt} = 8\pi r \frac{dr}{dt}, \quad \frac{dV}{dt} = 4\pi r^2 \frac{dr}{dt} \quad \text{より} \quad \frac{dV}{dt} = \frac{r}{2} \times \frac{dS}{dt}$$

$\dfrac{dS}{dt} = 4\pi$, $r = 10$ のときであるから　$\dfrac{dV}{dt} = 20\pi$

よって　$20\pi\,[\mathrm{cm}^3/\mathrm{s}]$

● $r$ は $t$ の関数

● 時刻 $t$ における
　面積の変化率 $\dfrac{dS}{dt}$
　体積の変化率 $\dfrac{dV}{dt}$

**例題 69** 　関数の近似値　　　　　　　　　　　　　　　　類**181**

$\sqrt{1.1}$ の近似値を小数第 2 位まで求めよ。

**解**　$f(x) = \sqrt{x}$ とおくと　$f'(x) = \dfrac{1}{2\sqrt{x}}$ であるから，

$h$ が 0 に近い値のとき

$$\sqrt{a+h} \fallingdotseq \sqrt{a} + \frac{1}{2\sqrt{a}} \cdot h \quad \text{より}$$

$$\sqrt{1.1} = \sqrt{1 + 0.1} \fallingdotseq \sqrt{1} + \frac{1}{2\sqrt{1}} \times 0.1 = 1 + 0.05 = \mathbf{1.05}$$

> **近似式**
>
> $h$ が 0 に近い値のとき
> $f(a+h) \fallingdotseq f(a) + f'(a)h$

## A

**\*179** 数直線上を運動する点 P の座標 $x$ が，時刻 $t$ $(t>0)$ の関数として $x=t^3-3t^2-9t$ で表されるとき，次の問いに答えよ。

(1) 時刻 $t$ における点 P の速度 $v$ と加速度 $\alpha$ を求めよ。

(2) 点 P が運動の向きを変えるときの $t$ の値を求めよ。

**180** 座標平面上を運動する点 P の時刻 $t$ における座標 $(x,\ y)$ が $x=2\cos 2t$，$y=2\sin 2t$ で表されるとき，次の問いに答えよ。　↪例題67

(1) 速度 $\vec{v}$ と加速度 $\vec{\alpha}$ を求めよ。

(2) 速さ $|\vec{v}|$ と加速度の大きさ $|\vec{\alpha}|$ を求めよ。

**181** 次の近似値を小数第 3 位まで求めよ。ただし，$\sqrt{3}=1.7320$，$\pi=3.1416$ とする。　↪例題69

(1) $1.005^5$ 　　　　\*(2) $\dfrac{1}{\sqrt[3]{8.3}}$ 　　　　\*(3) $\sin 58°$

## B

**182** $x \fallingdotseq 0$ のとき，次の関数の 1 次の近似式をつくれ。

(1) $\sqrt{1+x}$ 　　　　(2) $\dfrac{1}{(1+x)^3}$ 　　　　(3) $e^{2x}$

**183** 右の図のように，点 A は円 $x^2+y^2=1$ 上を回転運動する。点 B は距離 AB=5 を保ちながら $x$ 軸上を往復運動する。時刻 $t$ における点 A の座標を $(\cos t,\ \sin t)$ とする。このとき，次の問いに答えよ。

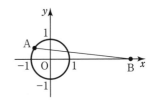

(1) 時刻 $t$ における点 B の座標を求めよ。

(2) 時刻 $t=\dfrac{\pi}{4}$ における点 B の速度を求めよ。

**184** 円の面積が毎秒 $5\,\mathrm{cm}^2$ の割合で増加する。半径が $20\,\mathrm{cm}$ になった瞬間の円周の長さの増加する割合を求めよ。　↪例題68

---

ヒント **183** (1) 点 B の座標を $(x,\ 0)$ $(4 \leqq x \leqq 6)$ とおいて，AB²=25 を満たす式をつくり，$x$ について解く。

# 27 不定積分

※とくに断らない限り，不定積分における $C$ は積分定数を表すものとする。

## 例題 70　$x^\alpha$ の不定積分　　類185,188

次の不定積分を求めよ。

(1) $\displaystyle\int\left(x-\frac{1}{x^2}\right)^2 dx$

(2) $\displaystyle\int\frac{\sqrt{x}+x}{\sqrt[3]{x}}dx$

**解**　(1)　(与式)$=\displaystyle\int\left(x^2-\frac{2}{x}+\frac{1}{x^4}\right)dx$

$=\dfrac{1}{3}x^3-2\log|x|-\dfrac{1}{3x^3}+C$

(2)　(与式)$=\displaystyle\int(x^{\frac{1}{6}}+x^{\frac{2}{3}})dx=\frac{6}{7}x^{\frac{7}{6}}+\frac{3}{5}x^{\frac{5}{3}}+C$

$=\dfrac{6}{7}x\sqrt[6]{x}+\dfrac{3}{5}x\sqrt[3]{x^2}+C$

> **$x^\alpha$ の不定積分**
>
> $\displaystyle\int x^\alpha dx=\frac{1}{\alpha+1}x^{\alpha+1}+C$
>
> $(\alpha\neq-1)$
>
> $\displaystyle\int\frac{1}{x}dx=\log|x|+C$

## 例題 71　三角関数の不定積分　　類186,189

次の不定積分を求めよ。

(1) $\displaystyle\int\frac{\cos^2 x}{1+\sin x}dx$

(2) $\displaystyle\int\tan^2 x\,dx$

**解**　(1)　(与式)$=\displaystyle\int\frac{1-\sin^2 x}{1+\sin x}dx$

$=\displaystyle\int\frac{(1+\sin x)(1-\sin x)}{1+\sin x}dx$

$=\displaystyle\int(1-\sin x)dx=x+\cos x+C$

(2)　(与式)$=\displaystyle\int\left(\frac{1}{\cos^2 x}-1\right)dx=\tan x-x+C$

> **三角関数の不定積分**
>
> $\displaystyle\int\sin x\,dx=-\cos x+C$
>
> $\displaystyle\int\cos x\,dx=\sin x+C$
>
> $\displaystyle\int\frac{1}{\cos^2 x}dx=\tan x+C$
>
> $\displaystyle\int\frac{1}{\sin^2 x}dx=-\frac{1}{\tan x}+C$

## 例題 72　指数関数の不定積分　　類187,190

次の不定積分を求めよ。

(1) $\displaystyle\int(e^{x+3}+2^x)dx$

(2) $\displaystyle\int e^{3x}dx$

**解**　(1)　(与式)$=\displaystyle\int(e^3\cdot e^x+2^x)dx=e^3\cdot e^x+\frac{2^x}{\log 2}+C$

$=e^{x+3}+\dfrac{2^x}{\log 2}+C$

(2)　(与式)$=\displaystyle\int(e^3)^x dx=\frac{(e^3)^x}{\log e^3}+C=\frac{1}{3}e^{3x}+C$

> **指数関数の不定積分**
>
> $\displaystyle\int e^x dx=e^x+C$
>
> $\displaystyle\int a^x dx=\frac{a^x}{\log a}+C$

■次の不定積分を求めよ。[**185～187**]

**185** (1) $\int (3x^5 + \sqrt[4]{x})dx$ *(2) $\int \sqrt[3]{x}(\sqrt[3]{x}-1)dx$ ↩ 例題70

*(3) $\int (\sqrt{t}+1)^2 dt$ *(4) $\int \dfrac{(x-2)^2}{x^3}dx$

(5) $\int \left(x+\dfrac{1}{\sqrt{x}}\right)^2 dx$ (6) $\int \dfrac{(x-1)^2}{\sqrt{x}}dx$

**186** *(1) $\int (4\sin x - 5\cos x)dx$ (2) $\int \left(3\cos x + \sin x + \dfrac{5}{\sin^2 x}\right)dx$

(3) $\int \dfrac{1+\cos^3 x}{\cos^2 x}dx$ *(4) $\int (1-\tan^2 x)dx$ ↩ 例題71

*(187) (1) $\int (2e^x - x^3)dx$ (2) $\int (3^x \log 3 - 1)dx$ ↩ 例題72

(3) $\int e^{\frac{x}{2}}dx$ (4) $\int 2^{x+1}dx$

■次の不定積分を求めよ。[**188～190**]

**188** (1) $\int \dfrac{x-\sqrt[4]{x}}{\sqrt{x}}dx$ *(2) $\int \dfrac{(2\sqrt{x}-1)^3}{x}dx$ ↩ 例題70

*(3) $\int \sqrt{x}\left(1-\dfrac{1}{\sqrt[3]{x}}\right)dx$ (4) $\int \dfrac{x-1}{\sqrt{x}+1}dx$

**189** (1) $\int (1+\tan x)\cos x\, dx$ *(2) $\int \dfrac{\sin^2 x}{1-\cos x}dx$ ↩ 例題71

*(3) $\int \left(\sin^2 \dfrac{x}{2} - \cos^2 \dfrac{x}{2}\right)dx$ (4) $\int \left(\sin \dfrac{x}{2} - \cos \dfrac{x}{2}\right)^2 dx$

*(5) $\int \dfrac{2-\cos 2x}{\cos^2 x}dx$ (6) $\int \dfrac{\cos 2x}{\sin^2 2x}dx$

**190** *(1) $\int (e^x + e^{-x})^2 dx$ *(2) $\int (2^x+1)^2 dx$ ↩ 例題72

(3) $\int \dfrac{9^x-1}{3^x-1}dx$ (4) $\int \dfrac{e^{3x}+1}{e^x+1}dx$

ヒント **189** (3)～(6) 2倍角の公式 $\sin 2x = 2\sin x\cos x$, $\cos 2x = 2\cos^2 x - 1$ を用いる。

# 28 置換積分法

例題 73 **$f(ax+b)$ の不定積分** 類**191**

次の不定積分を求めよ。 (1) $\displaystyle\int (2x+1)^3\,dx$ (2) $\displaystyle\int \cos(3x-2)\,dx$

**解** (1) (与式)$=\dfrac{1}{2}\times\dfrac{1}{4}(2x+1)^4+C$

$=\dfrac{1}{8}(2x+1)^4+C$

(2) (与式)$=\dfrac{1}{3}\sin(3x-2)+C$

> **$f(ax+b)$ の不定積分**
>
> $F'(x)=f(x)$ のとき
> $\displaystyle\int f(ax+b)\,dx=\dfrac{1}{a}F(ax+b)+C$

---

例題 74 **置換積分法(1)** 類**192**

次の不定積分を求めよ。 (1) $\displaystyle\int x(x-2)^5\,dx$ (2) $\displaystyle\int \dfrac{x}{\sqrt{2x+1}}\,dx$

**解** (1) $x-2=t$ とおくと $x=t+2$ より $\dfrac{dx}{dt}=1$ $\quad$ ◯ $dx=dt$

(与式)$=\displaystyle\int (t+2)t^5\,dt=\int (t^6+2t^5)\,dt$

$=\dfrac{1}{7}t^7+\dfrac{1}{3}t^6+C=\dfrac{1}{21}t^6(3t+7)+C$

$=\dfrac{1}{21}(x-2)^6(3x+1)+C$

> **置換積分法**
>
> $x=g(t)$ とおくと
> $\displaystyle\int f(x)\,dx$
> $=\displaystyle\int f(g(t))g'(t)\,dt$

(2) $\sqrt{2x+1}=t$ とおくと $x=\dfrac{t^2-1}{2}$ より $\dfrac{dx}{dt}=t$ $\quad$ ◯ $dx=t\,dt$

(与式)$=\displaystyle\int \dfrac{1}{t}\left(\dfrac{t^2-1}{2}\right)t\,dt=\dfrac{1}{2}\int (t^2-1)\,dt=\dfrac{1}{2}\left(\dfrac{1}{3}t^3-t\right)+C$

$=\dfrac{1}{6}t(t^2-3)+C=\dfrac{1}{3}(x-1)\sqrt{2x+1}+C$

---

例題 75 **置換積分法(2)** 類**193**

次の不定積分を求めよ。 (1) $\displaystyle\int \sin^5 x\cos x\,dx$ (2) $\displaystyle\int \dfrac{2x+3}{x^2+3x}\,dx$

**解** (1) $\sin x=t$ とおくと $\dfrac{dt}{dx}=\cos x$ $\quad$ ◯ $\cos x\,dx=dt$

(与式)$=\displaystyle\int t^5\,dt=\dfrac{1}{6}t^6+C=\dfrac{1}{6}\sin^6 x+C$

**別解** (与式)$=\displaystyle\int \sin^5 x(\sin x)'\,dx=\dfrac{1}{6}\sin^6 x+C$

(2) (与式)$=\displaystyle\int \dfrac{(x^2+3x)'}{x^2+3x}\,dx=\log|x^2+3x|+C$

> **$\dfrac{f'(x)}{f(x)}$ の不定積分**
>
> $\displaystyle\int \dfrac{f'(x)}{f(x)}\,dx=\log|f(x)|+C$

■次の不定積分を求めよ。[**191〜193**]

**191** *(1) $\displaystyle\int (3x-1)^4\,dx$　(2) $\displaystyle\int \sqrt[3]{2x-5}\,dx$　*(3) $\displaystyle\int \frac{1}{(2+3x)^3}\,dx$　↩ 例題73

*(4) $\displaystyle\int \sin\left(\frac{1}{3}x+2\right)dx$　(5) $\displaystyle\int \cos\frac{3}{2}\pi x\,dx$　(6) $\displaystyle\int e^{-2x+1}\,dx$

(7) $\displaystyle\int 2^{4x-1}\,dx$　*(8) $\displaystyle\int 5^{1-x}\,dx$　*(9) $\displaystyle\int \frac{1}{\cos^2(2-4x)}\,dx$

**192** *(1) $\displaystyle\int x(2x-1)^3\,dx$　(2) $\displaystyle\int \frac{x}{(x+2)^2}\,dx$　↩ 例題74

(3) $\displaystyle\int (x+2)\sqrt{x+1}\,dx$　*(4) $\displaystyle\int \frac{x}{\sqrt{x-4}}\,dx$

**193** *(1) $\displaystyle\int \frac{x}{x^2+1}\,dx$　(2) $\displaystyle\int \frac{e^x}{e^x-1}\,dx$　↩ 例題75

(3) $\displaystyle\int \frac{\sin x}{1-\cos x}\,dx$　*(4) $\displaystyle\int \frac{\sin x+\cos x}{\sin x-\cos x}\,dx$

*(5) $\displaystyle\int \tan x\,dx$　(6) $\displaystyle\int \frac{2^x\log 2-2}{2^x-2x}\,dx$

■次の不定積分を求めよ。[**194・195**]

**194** *(1) $\displaystyle\int x\sqrt{x^2-1}\,dx$　*(2) $\displaystyle\int \cos^4 x\sin x\,dx$

*(3) $\displaystyle\int \frac{1}{x\log x}\,dx$　(4) $\displaystyle\int \frac{\tan x}{\cos x}\,dx$

*(5) $\displaystyle\int \sin^3 x\,dx$　(6) $\displaystyle\int \frac{e^x}{e^x+e^{-x}}\,dx$

**195** *(1) $\displaystyle\int \frac{\sin^5 x}{1+\cos x}\,dx$　*(2) $\displaystyle\int (\sin x+\cos^2 x)\cos x\,dx$

(3) $\displaystyle\int \frac{e^{2x}}{\sqrt{e^x+1}}\,dx$　(4) $\displaystyle\int \frac{\log x}{x(\log x+1)}\,dx$

ヒント **193** (5) $\tan x=\dfrac{\sin x}{\cos x}$ と変形する。

**194** (5) $\sin^3 x=\sin^2 x\sin x=(1-\cos^2 x)\sin x$ と変形する。

**195** (1) $\sin^5 x=\sin x\sin^4 x=\sin x(1-\cos^2 x)^2$ と変形する。

# 29 部分積分法

**例題 76** 部分積分法

次の不定積分を求めよ。　(1) $\displaystyle\int xe^x\,dx$ 　　(2) $\displaystyle\int \log 3x\,dx$

**解** (1) （与式）$=\displaystyle\int x(e^x)'\,dx=xe^x-\int 1\cdot e^x\,dx=\boldsymbol{xe^x-e^x+C}$

(2) （与式）$=\displaystyle\int (x)'\log 3x\,dx=x\log 3x-\int x\cdot\frac{1}{3x}\cdot 3\,dx$

$\qquad =\boldsymbol{x\log 3x-x+C}$

**エクセル** 積の関数の積分 ➡ 部分積分法 $\displaystyle\int f\cdot g'\,dx=f\cdot g-\int f'\cdot g\,dx$

そのまま ／ 微分する ／ 積分する ／ そのまま

**例題 77** 部分積分法の利用(1)

不定積分 $\displaystyle\int x^2\cos x\,dx$ を求めよ。

**解** （与式）$=\displaystyle\int x^2(\sin x)'\,dx=x^2\sin x-2\int x\sin x\,dx$

$\qquad =x^2\sin x+2\displaystyle\int x(\cos x)'\,dx$ 　　　　◀ もう一度部分積分する

$\qquad =x^2\sin x+2\left(x\cos x-\displaystyle\int 1\cdot\cos x\,dx\right)$

$\qquad =\boldsymbol{x^2\sin x+2x\cos x-2\sin x+C}$

**例題 78** 部分積分法の利用(2)

不定積分 $I=\displaystyle\int e^x\sin x\,dx$ を求めよ。

**解** $I=\displaystyle\int (e^x)'\sin x\,dx$

$\quad =e^x\sin x-\displaystyle\int e^x\cos x\,dx$

$\quad =e^x\sin x-\displaystyle\int (e^x)'\cos x\,dx$ 　　　　◀ もう一度部分積分する

$\quad =e^x\sin x-\left\{e^x\cos x-\displaystyle\int e^x(-\sin x)\,dx\right\}$

$\quad =e^x\sin x-e^x\cos x-\displaystyle\int e^x\sin x\,dx$ 　　◀ 最初と同じ式が現れたら，
　　　　　　　　　　　　　　　　　　　　　　　　　　　$I$に置き換える

$\quad =e^x(\sin x-\cos x)-I$

よって　$2I=e^x(\sin x-\cos x)$ 　　　　◀ 右辺の $-I$ を移項する

両辺を 2 で割って　$I=\dfrac{1}{2}e^x(\sin x-\cos x)+C$ 　　◀ 不定積分なので $C$ をつける

■次の不定積分を求めよ。[**196・197**]

*$\mathbf{196}$ (1) $\displaystyle\int xe^{2x}\,dx$ (2) $\displaystyle\int (2x+1)e^{-x}\,dx$ ↩例題76

(3) $\displaystyle\int x\cos 3x\,dx$ (4) $\displaystyle\int x\sin 4x\,dx$

(5) $\displaystyle\int x^2\log x\,dx$ (6) $\displaystyle\int (2x-1)\log x\,dx$

$\mathbf{197}$ *(1) $\displaystyle\int \log 2x\,dx$ (2) $\displaystyle\int \log_3 x\,dx$ ↩例題76

*(3) $\displaystyle\int \log(x-1)\,dx$ (4) $\displaystyle\int \frac{x}{\cos^2 x}\,dx$

■次の不定積分を求めよ。[**198～200**]

$\mathbf{198}$ *(1) $\displaystyle\int (x^2+1)e^x\,dx$ (2) $\displaystyle\int (\log x)^2\,dx$ ↩例題77

$\mathbf{199}$ *(1) $\displaystyle\int e^{-x}\sin x\,dx$ (2) $\displaystyle\int e^{-x}\cos x\,dx$ ↩例題78

$\mathbf{200}$ (1) $\displaystyle\int \log(x+\sqrt{x^2+1})\,dx$ (2) $\displaystyle\int e^x\log(e^x+2)\,dx$

*$\mathbf{201}$ 不定積分 $\displaystyle\int \cos^4 x\,dx$ を次の2つの方法で求めよ。

(ⅰ) $\cos^4 x=\cos^3 x\cdot\cos x$ として部分積分法を利用する。

(ⅱ) 公式 $\cos^2 x=\dfrac{1+\cos 2x}{2}$ を利用する。

*$\mathbf{202}$ $I_n=\displaystyle\int x^n e^x\,dx$ $(n=0,\ 1,\ 2,\ \cdots\cdots)$ とするとき，次の問いに答えよ。

(1) $I_n=x^n e^x-nI_{n-1}$ $(n\geqq 1)$ を示せ。

(2) (1)を利用して $\displaystyle\int x^4 e^x\,dx$ を求めよ。

ヒント **200** (1) （与式）$=\displaystyle\int (x)'\log(x+\sqrt{x^2+1})\,dx$

**202** (1) $I_n=\displaystyle\int x^n(e^x)'\,dx$ とみて部分積分法を用いる。

# 30 いろいろな関数の不定積分

## 例題 79　分数関数の不定積分　　　　　　　　　　　　圏203, 207

次の不定積分を求めよ。　　(1) $\displaystyle\int\frac{x^2}{x+1}dx$　　(2) $\displaystyle\int\frac{1}{x(x+1)^2}dx$

**解** (1) （与式）$=\displaystyle\int\left(x-1+\frac{1}{x+1}\right)dx=\frac{1}{2}x^2-x+\log|x+1|+C$

(2) $\dfrac{1}{x(x+1)^2}=\dfrac{a}{x}+\dfrac{b}{x+1}+\dfrac{c}{(x+1)^2}$　とおくと　$1=a(x+1)^2+bx(x+1)+cx$

これが $x$ についての恒等式であるから　$a=1,\ b=-1,\ c=-1$

よって　（与式）$=\displaystyle\int\left\{\frac{1}{x}-\frac{1}{x+1}-\frac{1}{(x+1)^2}\right\}dx$

$\hspace{3.5cm}=\log|x|-\log|x+1|+\dfrac{1}{x+1}+C$

$\hspace{3.5cm}=\log\left|\dfrac{x}{x+1}\right|+\dfrac{1}{x+1}+C$

**エクセル** 分数関数の積分 ➡ ①(分子)÷(分母)　②部分分数に分ける

## 例題 80　無理関数の不定積分　　　　　　　　　　　　圏204

次の不定積分を求めよ。　　$\displaystyle\int\frac{1}{\sqrt{x+1}-\sqrt{x}}dx$

**解** （与式）$=\displaystyle\int\frac{\sqrt{x+1}+\sqrt{x}}{(\sqrt{x+1}-\sqrt{x})(\sqrt{x+1}+\sqrt{x})}dx$　　　　⬥ 分母の有理化

$\hspace{2cm}=\displaystyle\int(\sqrt{x+1}+\sqrt{x})dx=\frac{2}{3}(x+1)^{\frac{3}{2}}+\frac{2}{3}x^{\frac{3}{2}}+C$

$\hspace{2cm}=\dfrac{2}{3}(x+1)\sqrt{x+1}+\dfrac{2}{3}x\sqrt{x}+C$

## 例題 81　三角関数の不定積分　　　　　　　　　　　　圏205

次の不定積分を求めよ。　　(1) $\displaystyle\int 2\sin^2 x\,dx$　　(2) $\displaystyle\int\cos 2x\cos x\,dx$

**解** (1) （与式）$=\displaystyle\int(1-\cos 2x)dx$　　　　⬥ $\cos 2x=1-2\sin^2 x$ より

$\hspace{3cm}=x-\dfrac{1}{2}\sin 2x+C$　　　　　　　　$\sin^2 x=\dfrac{1-\cos 2x}{2}$

(2) （与式）$=\dfrac{1}{2}\displaystyle\int(\cos 3x+\cos x)dx$　　⬥ $\cos\alpha\cos\beta=\frac{1}{2}\{\cos(\alpha+\beta)+\cos(\alpha-\beta)\}$

$\hspace{3cm}=\dfrac{1}{6}\sin 3x+\dfrac{1}{2}\sin x+C$

**エクセル** 三角関数の積分 ➡ ①半角の公式で次数を下げる　②積 → 和の公式で変形する

■次の不定積分を求めよ。[**203**〜**205**]

**203** *(1) $\displaystyle\int \frac{x-3}{x+1}dx$  (2) $\displaystyle\int \frac{x^2-1}{x^2+x}dx$  ↪ 例題79

(3) $\displaystyle\int \frac{x^2-x+1}{x+1}dx$  *(4) $\displaystyle\int \frac{1}{x(x-2)}dx$

**204** *(1) $\displaystyle\int \frac{1}{\sqrt{x+1}+\sqrt{x-1}}dx$  (2) $\displaystyle\int \frac{x}{\sqrt{x+1}-1}dx$  ↪ 例題80

**205** *(1) $\displaystyle\int 2\cos^2 x\,dx$  *(2) $\displaystyle\int \sin 5x\cos 3x\,dx$  ↪ 例題81

(3) $\displaystyle\int \cos 4x\cos 2x\,dx$  (4) $\displaystyle\int \sin 3x\sin 2x\,dx$

**206** $\dfrac{x^2+4x-1}{(x^2+1)(x+2)}=\dfrac{ax+b}{x^2+1}+\dfrac{c}{x+2}$ を満たす定数 $a$, $b$, $c$ の値を求め,

$\displaystyle\int \frac{x^2+4x-1}{(x^2+1)(x+2)}dx$ を計算せよ。

■次の不定積分を求めよ。[**207**〜**210**]

**207** (1) $\displaystyle\int \frac{3x-1}{(x+3)(x-1)}dx$  *(2) $\displaystyle\int \frac{dx}{x(x-1)^2}$  ↪ 例題79

**208** (1) $\displaystyle\int 2x\log(x+2)dx$  *(2) $\displaystyle\int x\log(x^2+1)dx$

**209** (1) $\displaystyle\int \sin^4 x\,dx$  (2) $\displaystyle\int \sin^5 x\,dx$

***210** (1) $\displaystyle\int \frac{dx}{e^x+2}$  (2) $\displaystyle\int \frac{e^{3x}}{(e^x+1)^2}dx$

(3) $\displaystyle\int \frac{dx}{1-\sin x}$  (4) $\displaystyle\int \frac{\cos x}{4-\sin^2 x}dx$

(5) $\displaystyle\int \frac{dx}{\cos x}$  (6) $\displaystyle\int \frac{dx}{x\sqrt{x+1}}$

---

ヒント **209** (1) $\sin^4 x=\sin^2 x\cdot\sin^2 x=\sin^2 x(1-\cos^2 x)$

(2) $\sin^5 x=\sin^4 x\cdot\sin x=(1-\cos^2 x)^2\cdot\sin x$

3 章
積分法

# 31 定積分

例題 82 **無理関数・分数関数の定積分**　　　　　　　　　　圆**211**

次の定積分を求めよ。

(1) $\displaystyle\int_1^4\left(\sqrt{x}+\frac{1}{\sqrt{x}}\right)dx$　　　　　　　(2) $\displaystyle\int_0^1\frac{1}{(x-2)(x-3)}dx$

**解** (1) $(与式)=\displaystyle\int_1^4\left(x^{\frac{1}{2}}+x^{-\frac{1}{2}}\right)dx=\left[\frac{2}{3}x^{\frac{3}{2}}+2x^{\frac{1}{2}}\right]_1^4$

$=\left(\dfrac{16}{3}+4\right)-\left(\dfrac{2}{3}+2\right)=\dfrac{20}{3}$

(2) $(与式)=\displaystyle\int_0^1\left(\frac{1}{x-3}-\frac{1}{x-2}\right)dx=\Big[\log|x-3|-\log|x-2|\Big]_0^1$　　◯部分分数に分ける

$=\left[\log\left|\dfrac{x-3}{x-2}\right|\right]_0^1=\log 2-\log\dfrac{3}{2}=\boldsymbol{\log\dfrac{4}{3}}$

例題 83 **三角関数の定積分**　　　　　　　　　　　　　圆**212,213**

次の定積分を求めよ。　　(1) $\displaystyle\int_0^{\frac{\pi}{2}}(1-\cos x)^2dx$　　(2) $\displaystyle\int_0^{\pi}\sin 3x\sin x\,dx$

**解** (1) $(与式)=\displaystyle\int_0^{\frac{\pi}{2}}(1-2\cos x+\cos^2 x)dx$　　　　　◯次数を下げる

$=\displaystyle\int_0^{\frac{\pi}{2}}\left(1-2\cos x+\frac{1+\cos 2x}{2}\right)dx=\int_0^{\frac{\pi}{2}}\left(\frac{3}{2}-2\cos x+\frac{1}{2}\cos 2x\right)dx$

$=\left[\dfrac{3}{2}x-2\sin x+\dfrac{1}{4}\sin 2x\right]_0^{\frac{\pi}{2}}=\dfrac{3}{4}\boldsymbol{\pi}-\boldsymbol{2}$

(2) $(与式)=-\dfrac{1}{2}\displaystyle\int_0^{\pi}(\cos 4x-\cos 2x)dx$　　　　　◯積は和の形にする

$=-\dfrac{1}{2}\left[\dfrac{1}{4}\sin 4x-\dfrac{1}{2}\sin 2x\right]_0^{\pi}=\boldsymbol{0}$

**エクセル** 三角関数の積分 ➡ ①半角の公式で次数を下げる　②積 → 和の公式で変形する

例題 84 **絶対値記号を含む関数の定積分**　　　　　　　　圆**214**

定積分 $\displaystyle\int_0^1|e^x-2|\,dx$ を求めよ。

**解** $e^x-2=0$ を解くと　$x=\log 2$ であるから

$0\leqq x\leqq\log 2$ のとき　$e^x-2\leqq 0$ より　$|e^x-2|=-(e^x-2)$

$\log 2\leqq x\leqq 1$ のとき　$e^x-2\geqq 0$ より　$|e^x-2|=e^x-2$

$(与式)=-\displaystyle\int_0^{\log 2}(e^x-2)dx+\int_{\log 2}^1(e^x-2)dx$

$=-\Big[e^x-2x\Big]_0^{\log 2}+\Big[e^x-2x\Big]_{\log 2}^1=\boldsymbol{4\log 2+e-5}$　　◯$e^{\log 2}=2$

**エクセル** 絶対値記号の中の正負を調べ ➡ 区間を分割して積分する

■次の定積分を求めよ。[**211・212**]

**211** *(1) $\displaystyle\int_0^4 x\sqrt{x}\,dx$

(2) $\displaystyle\int_1^e \frac{1}{x}\,dx$ ↩ 例題82

*(3) $\displaystyle\int_{-1}^0 \frac{x+3}{x+2}\,dx$

(4) $\displaystyle\int_4^5 \frac{1}{(x-3)(x-2)}\,dx$

*(5) $\displaystyle\int_1^8 \frac{4x-1}{\sqrt[3]{x^2}}\,dx$

(6) $\displaystyle\int_0^1 \frac{1}{\sqrt{x+1}-\sqrt{x}}\,dx$

**212** (1) $\displaystyle\int_0^{\frac{\pi}{3}} \sin 2x\,dx$

*(2) $\displaystyle\int_0^{\frac{\pi}{4}} \sin^2 x\,dx$ ↩ 例題83

*(3) $\displaystyle\int_0^{\pi} \cos^2 \frac{x}{2}\,dx$

(4) $\displaystyle\int_0^{\frac{\pi}{3}} \tan^2 x\,dx$

*(5) $\displaystyle\int_0^1 (5^x+e^x)\,dx$

(6) $\displaystyle\int_{-2}^2 (e^x+e^{-x})^2\,dx$

(7) $\displaystyle\int_0^{\frac{\pi}{4}} \left(\frac{1}{\cos^2 x}-\sin x\right)dx$

*(8) $\displaystyle\int_0^{\frac{\pi}{3}} \frac{\sin 2x}{\cos x}\,dx$

■次の定積分を求めよ。[**213・214**]

***213** (1) $\displaystyle\int_0^3 \frac{x}{\sqrt{x+1}+1}\,dx$

(2) $\displaystyle\int_0^1 \frac{x}{x^2+3}\,dx$ ↩ 例題83

(3) $\displaystyle\int_0^{\frac{\pi}{2}} \sin\frac{3}{2}x \cos\frac{x}{2}\,dx$

(4) $\displaystyle\int_1^{\log 2} e^{2x}\,dx$

**214** (1) $\displaystyle\int_0^{\frac{3}{2}\pi} |\sin x|\,dx$

(2) $\displaystyle\int_{-1}^{\log 3} |e^x-1|\,dx$ ↩ 例題84

*(3) $\displaystyle\int_1^4 \sqrt{x^2-4x+4}\,dx$

(4) $\displaystyle\int_0^3 \sqrt{|x-2|}\,dx$

*(5) $\displaystyle\int_0^{\pi} |\cos 2x|\,dx$

(6) $\displaystyle\int_0^{\pi} |\sin x-\cos x|\,dx$

**215** (1) $1\leqq x\leqq e$ の範囲で，不等式 $x-\dfrac{e}{x}\geqq 0$ を解け。

(2) 定積分 $\displaystyle\int_1^e \left|x-\frac{e}{x}\right|\,dx$ を求めよ。

---

ヒント **213** (4) $e^{\log a}=a$

**214** (3) $\sqrt{(x-2)^2}=|x-2|$

(6) $\sin x-\cos x=\sqrt{2}\sin\left(x-\dfrac{\pi}{4}\right)$ より

$0\leqq x\leqq\dfrac{\pi}{4}$ のとき $\sin x-\cos x\leqq 0$，$\dfrac{\pi}{4}\leqq x\leqq\pi$ のとき $\sin x-\cos x\geqq 0$

3章 積分法

# 32 定積分の置換積分法

定積分 $\displaystyle\int_{-1}^{2} x^2\sqrt{x^3+1}\,dx$ を求めよ。

**解**　$x^3+1=t$ とおくと　$\dfrac{dt}{dx}=3x^2$　　　● $x^2dx=\dfrac{1}{3}dt$

| $x$ | $-1 \to 2$ |
|---|---|
| $t$ | $0 \to 9$ |

$$（与式）=\int_{-1}^{2}\sqrt{x^3+1}\cdot x^2\,dx=\int_{0}^{9}\sqrt{t}\cdot\frac{1}{3}\,dt$$

$$=\frac{1}{3}\int_{0}^{9}t^{\frac{1}{2}}\,dt=\frac{1}{3}\left[\frac{2}{3}t^{\frac{3}{2}}\right]_{0}^{9}=\mathbf{6}$$

**エクセル**　置換すると 

| $x$ | $a \to b$ |
|---|---|
| $t$ | $\alpha \to \beta$ |

➡ 積分区間が変わる $\displaystyle\int_{a}^{b}●\,dx=\int_{\alpha}^{\beta}▲\,dt$

定積分 $\displaystyle\int_{0}^{2}\sqrt{4-x^2}\,dx$ を求めよ。

**解**　$x=2\sin\theta$ とおくと　$\dfrac{dx}{d\theta}=2\cos\theta$　　　● $dx=2\cos\theta\,d\theta$

| $x$ | $0 \to 2$ |
|---|---|
| $\theta$ | $0 \to \dfrac{\pi}{2}$ |

$0\leqq\theta\leqq\dfrac{\pi}{2}$ では $\cos\theta\geqq 0$ であるから

$$\sqrt{4-x^2}=\sqrt{4(1-\sin^2\theta)}=\sqrt{4\cos^2\theta}=2\cos\theta$$

$$（与式）=\int_{0}^{\frac{\pi}{2}}2\cos\theta\cdot 2\cos\theta\,d\theta=2\int_{0}^{\frac{\pi}{2}}(1+\cos 2\theta)\,d\theta$$

$$=2\left[\theta+\frac{1}{2}\sin 2\theta\right]_{0}^{\frac{\pi}{2}}=\boldsymbol{\pi}$$

$y=\sqrt{4-x^2}$

$$\int_{0}^{2}\sqrt{4-x^2}\,dx=\pi$$

**エクセル**　$\displaystyle\int\sqrt{a^2-x^2}\,dx$ ➡ $x=a\sin\theta$ とおく $\left(-\dfrac{\pi}{2}\leqq\theta\leqq\dfrac{\pi}{2}\right)$

定積分 $\displaystyle\int_{0}^{2}\dfrac{1}{x^2+4}\,dx$ を求めよ。

**解**　$x=2\tan\theta$ とおくと　$\dfrac{dx}{d\theta}=\dfrac{2}{\cos^2\theta}$　　　● $dx=\dfrac{2}{\cos^2\theta}d\theta$

| $x$ | $0 \to 2$ |
|---|---|
| $\theta$ | $0 \to \dfrac{\pi}{4}$ |

$$（与式）=\int_{0}^{\frac{\pi}{4}}\frac{1}{4(\tan^2\theta+1)}\cdot\frac{2}{\cos^2\theta}d\theta$$

● $\dfrac{1}{\tan^2\theta+1}=\cos^2\theta$

$$=\int_{0}^{\frac{\pi}{4}}\frac{1}{4}\cdot\cos^2\theta\cdot\frac{2}{\cos^2\theta}d\theta=\frac{1}{2}\int_{0}^{\frac{\pi}{4}}d\theta=\frac{1}{2}\Big[\theta\Big]_{0}^{\frac{\pi}{4}}=\frac{\boldsymbol{\pi}}{\mathbf{8}}$$

**エクセル**　$\displaystyle\int\dfrac{1}{x^2+a^2}\,dx$ ➡ $x=a\tan\theta$ とおく $\left(-\dfrac{\pi}{2}<\theta<\dfrac{\pi}{2}\right)$

# A

■次の定積分を求めよ。[**216**・**217**]

**216** *(1) $\displaystyle\int_0^1 (3x+1)^4\,dx$　　　　(2) $\displaystyle\int_1^3 \frac{1}{(x+1)^2}\,dx$ ↩ 例題85

(3) $\displaystyle\int_{-1}^0 x(x^2+1)^3\,dx$　　　(4) $\displaystyle\int_1^3 x\sqrt{x^2-1}\,dx$

*(5) $\displaystyle\int_0^1 (x+1)\sqrt{1-x}\,dx$　　(6) $\displaystyle\int_3^4 \frac{1}{x\sqrt{x+1}}\,dx$

**217** *(1) $\displaystyle\int_0^{\frac{\pi}{2}} \sin^3 x\cos x\,dx$　　(2) $\displaystyle\int_0^{\frac{\pi}{3}} \sin x\cos^2 x\,dx$

(3) $\displaystyle\int_0^1 xe^{x^2}\,dx$　　　　(4) $\displaystyle\int_{e^2}^{e^3} \frac{1}{x\log x}\,dx$

*(5) $\displaystyle\int_0^1 \frac{e^{2x}}{e^x+1}\,dx$　　　(6) $\displaystyle\int_1^2 \frac{1}{e^x-1}\,dx$

# B

■次の定積分を求めよ。[**218**～**220**]

**218** (1) $\displaystyle\int_0^3 \sqrt{9-x^2}\,dx$　　　(2) $\displaystyle\int_1^{\sqrt{2}} \sqrt{2-x^2}\,dx$ ↩ 例題86

(3) $\displaystyle\int_2^{2\sqrt{3}} \frac{1}{\sqrt{16-x^2}}\,dx$　　(4) $\displaystyle\int_0^4 \sqrt{4x-x^2}\,dx$

**219** (1) $\displaystyle\int_0^{\sqrt{2}} \frac{dx}{x^2+2}$　(2) $\displaystyle\int_1^2 \frac{dx}{x^2-2x+2}$　(3) $\displaystyle\int_{-1}^1 \frac{dx}{\sqrt{1+x^2}}$ ↩ 例題87

**220** *(1) $\displaystyle\int_0^{\frac{\pi}{2}} \sin^2 x\cos^3 x\,dx$　　(2) $\displaystyle\int_0^{\frac{\pi}{4}} \frac{dx}{1+\sin x}$

**221** 次の等式を証明せよ。

(1) $\displaystyle\int_{-a}^a f(x)\,dx=\int_0^a \{f(x)+f(-x)\}\,dx$

(2) $\displaystyle\int_0^1 \{f(x)+f(1-x)\}\,dx=2\int_0^1 f(x)\,dx$

---

ヒント **218** (4) $\sqrt{4x-x^2}=\sqrt{4-(x-2)^2}$ より　$x-2=2\sin\theta$ とおく。

**219** (2) (分母)$=(x-1)^2+1$ より　$x-1=\tan\theta$ とおく。

(3) $x=\tan\theta$ とおいて計算すると，**210**(5)と同様に考えられる。

**220** (1) $\sin^2 x\cos^3 x=\sin^2 x(1-\sin^2 x)\cos x$, $\sin x=t$ とおく。

# 33 定積分の部分積分法

例題88 **定積分の部分積分法**　　　　　　　　　　　　　類222

次の定積分を求めよ。　(1) $\displaystyle\int_1^e x^3 \log x\,dx$　　　(2) $\displaystyle\int_1^e (\log x)^2\,dx$

**解**　(1)　$\displaystyle(与式)=\left[\frac{1}{4}x^4\log x\right]_1^e-\int_1^e\frac{1}{4}x^4\cdot\frac{1}{x}\,dx=\frac{1}{4}e^4-\frac{1}{4}\int_1^e x^3\,dx$

　　　　　$\displaystyle=\frac{1}{4}e^4-\frac{1}{4}\left[\frac{1}{4}x^4\right]_1^e=\frac{1}{16}(3e^4+1)$

　　(2)　$\displaystyle(与式)=\int_1^e 1\cdot(\log x)^2\,dx=\left[x(\log x)^2\right]_1^e-\int_1^e x(2\log x)\cdot\frac{1}{x}\,dx$

　　　　　$\displaystyle=e-2\int_1^e\log x\,dx=e-2\left[x\log x-x\right]_1^e=\boldsymbol{e-2}$　　◉ $\int\log x\,dx=x\log x-x+C$

エクセル　積の関数の積分　➡　部分積分法　$\displaystyle\int_a^b f\cdot g'\,dx=\left[f\cdot g\right]_a^b-\int_a^b f'\cdot g\,dx$

そのまま　微分する

積分する　そのまま

例題89 **定積分の部分積分法の利用(1)**　　　　　　　　　類224

定積分 $\displaystyle\int_0^1 x^2 e^{2x}\,dx$ を求めよ。

**解**　$\displaystyle(与式)=\int_0^1 x^2\cdot\left(\frac{1}{2}e^{2x}\right)'dx$

　　　　$\displaystyle=\left[\frac{1}{2}x^2 e^{2x}\right]_0^1-\int_0^1 x e^{2x}\,dx$　　　　　◉ $\int_0^1 x e^{2x}\,dx=\int_0^1 x\cdot\left(\frac{1}{2}e^{2x}\right)'dx$ とみて、

　　　　$\displaystyle=\frac{e^2}{2}-\left(\left[\frac{1}{2}x e^{2x}\right]_0^1-\frac{1}{2}\int_0^1 e^{2x}\,dx\right)$　　もう一度部分積分する

　　　　$\displaystyle=\frac{e^2}{2}-\left(\frac{e^2}{2}-\frac{1}{4}\left[e^{2x}\right]_0^1\right)=\frac{1}{4}(e^2-1)$

例題90 **定積分の部分積分法の利用(2)**　　　　　　　　　類226

定積分 $\displaystyle I=\int_0^{\frac{\pi}{2}} e^{-x}\cos x\,dx$ を求めよ。

**解**　$\displaystyle I=\int_0^{\frac{\pi}{2}}(-e^{-x})'\cos x\,dx$

　　$\displaystyle=\left[-e^{-x}\cos x\right]_0^{\frac{\pi}{2}}-\int_0^{\frac{\pi}{2}}e^{-x}\sin x\,dx$　　　　◉ $\int_0^{\frac{\pi}{2}}e^{-x}\sin x\,dx=\int_0^{\frac{\pi}{2}}(-e^{-x})'\sin x\,dx$

　　$\displaystyle=1-\left[-e^{-x}\sin x\right]_0^{\frac{\pi}{2}}-\int_0^{\frac{\pi}{2}}e^{-x}\cos x\,dx$　　　とみて、もう一度部分積分する

　　　　　　　　　　　　　　　　　　　　　　　　◉ 最初と同じ式が現れたら、$I$ に置き換える

　　$\displaystyle=1-(-e^{-\frac{\pi}{2}})-I$

$\displaystyle 2I=1+e^{-\frac{\pi}{2}}$ より　$\displaystyle I=\frac{1}{2}(e^{-\frac{\pi}{2}}+1)$　　　　　　　◉ $I$ について解く

**A**

↩ 例題88

\***222** 次の定積分を求めよ。

(1) $\displaystyle\int_0^\pi x\sin x\,dx$ (2) $\displaystyle\int_{-1}^0 xe^{-x}\,dx$

(3) $\displaystyle\int_0^2 \log(x+1)\,dx$ (4) $\displaystyle\int_1^e x\log x\,dx$

(5) $\displaystyle\int_0^{\frac{\pi}{2}} (x+1)\cos x\,dx$ (6) $\displaystyle\int_{\frac{1}{e}}^1 x^2\log x\,dx$

**223** 部分積分法を用いて，次の定積分を求めよ。

(1) $\displaystyle\int_1^3 (x-1)^2(x-3)\,dx$ \*(2) $\displaystyle\int_\alpha^\beta (x-\alpha)(x-\beta)^3\,dx$

**B**

■次の定積分を求めよ。［**224～226**］

**224** \*(1) $\displaystyle\int_0^1 (1-x^2)e^x\,dx$ (2) $\displaystyle\int_1^e x(\log x)^2\,dx$ ↩ 例題89

**225** (1) $\displaystyle\int_0^{\frac{\pi}{2}} x\sin^2 x\,dx$ (2) $\displaystyle\int_0^1 x\log(x^2+1)\,dx$

\***226** (1) $\displaystyle I=\int_0^1 \frac{x}{x^2+1}\log(x^2+1)\,dx$ (2) $\displaystyle I=\int_0^{\frac{\pi}{2}} e^{-x}\sin x\,dx$ ↩ 例題90

**227** 部分積分法を用いて，次の定積分を求めよ。

\*(1) $\displaystyle\int_{-1}^2 (x+1)^3(x-2)^2\,dx$ (2) $\displaystyle\int_0^1 \frac{(x-1)^2}{(x+1)^4}\,dx$

**228** $\displaystyle I_n=\int_0^{\frac{\pi}{2}}\sin^n x\,dx$ （$n$ は 0 以上の整数）とおく。次の問いに答えよ。

(1) $\displaystyle I_4=\int_0^{\frac{\pi}{2}}\sin^3 x\sin x\,dx$ と考えて，$I_4=\dfrac{3}{4}I_2$ であることを示せ。

(2) $I_n=\dfrac{n-1}{n}I_{n-2}$ （$n\geqq2$）が成り立つことを示せ。

---

**ヒント** **225** (1) $\sin^2 x=\dfrac{1-\cos 2x}{2}$ を用いる。

**226** $\dfrac{x}{x^2+1}=\left\{\dfrac{1}{2}\log(x^2+1)\right\}'$ とおく。

3章 積分法

# 34 微分と積分の関係

例題 91 **積分で表された関数の微分** 國229,232

次の関数を $x$ について微分せよ。

(1) $y=\displaystyle\int_0^x \sin t\,dt$  (2) $y=\displaystyle\int_{3x}^{x^2} \sin t\,dt$

**解** (1) $\dfrac{dy}{dx}=\dfrac{d}{dx}\displaystyle\int_0^x \sin t\,dt=\sin x$

(2) $y=\displaystyle\int_{3x}^0 \sin t\,dt+\int_0^{x^2} \sin t\,dt=\int_0^{x^2} \sin t\,dt-\int_0^{3x} \sin t\,dt$

$\dfrac{dy}{dx}=\sin x^2\cdot(x^2)'-\sin 3x\cdot(3x)'=2x\sin x^2-3\sin 3x$

**エクセル** 積分で表された関数の微分 ➡

$\dfrac{d}{dx}\displaystyle\int_a^x f(t)\,dt=f(x),\quad \dfrac{d}{dx}\displaystyle\int_{g_1(x)}^{g_2(x)} f(t)\,dt=f(g_2(x))g_2{}'(x)-f(g_1(x))g_1{}'(x)$

---

**例題 92** **定積分と関数の決定(1)** 國230

等式 $\displaystyle\int_\pi^x f(t)\,dt=\cos^3 x$ を満たす関数 $f(x)$ を求めよ。

**解** 等式の両辺を $x$ で微分すると $\dfrac{d}{dx}\displaystyle\int_\pi^x f(t)\,dt=(\cos^3 x)'$

よって $f(x)=3\cos^2 x(\cos x)'=-3\sin x\cos^2 x$

---

**例題 93** **定積分と関数の決定(2)** 國235

等式 $f(x)=x+\displaystyle\int_0^1 f(t)e^{-t}\,dt$ を満たす関数 $f(x)$ を求めよ。

**解** $\displaystyle\int_0^1 f(t)e^{-t}\,dt=k$ （定数）とおくと $f(x)=x+k$

よって $k=\displaystyle\int_0^1 f(t)e^{-t}\,dt=\int_0^1 (t+k)e^{-t}\,dt$  ◑ $f(t)=t+k$

$=\Big[(t+k)(-e^{-t})\Big]_0^1+\displaystyle\int_0^1 e^{-t}\,dt=-\dfrac{1+k}{e}+k-\dfrac{1}{e}+1$

$=\Big(1-\dfrac{1}{e}\Big)k-\dfrac{2}{e}+1$

ゆえに $k=\Big(1-\dfrac{1}{e}\Big)k-\dfrac{2}{e}+1$

$k$ について解くと $k=e-2$  したがって $f(x)=x+e-2$

**エクセル** 定積分 $\displaystyle\int_a^b f(t)\,dt$ （$a$, $b$ は定数）➡ $\displaystyle\int_a^b f(t)\,dt=k$ （定数）とおく

**A**

**229** 次の関数を $x$ について微分せよ。　　　　↩ 例題91

*(1)　$y=\displaystyle\int_0^x \sqrt{t^2+1}\,dt$ 　　　(2)　$y=\displaystyle\int_\pi^x e^t\cos t\,dt$

**230** 次の等式を満たす実数全体で連続な関数 $f(x)$ を求めよ。　↩ 例題92

(1)　$\displaystyle\int_\pi^x f(t)dt=x\cos x$ 　　　(2)　$\displaystyle\int_0^x f(t)dt=\log(1+x^2)$

(3)　$\displaystyle\int_0^x tf(t)dt=x^3\sin x$ 　　*(4)　$\displaystyle\int_1^x (t-2)f(t)dt=(x-1)e^{-x}$

**B**

***231** 関数 $f(x)=\displaystyle\int_1^x (t-2)\log t\,dt\ (x>0)$ の極値を求めよ。

**232** 次の関数を $x$ について微分せよ。

(1)　$y=\displaystyle\int_0^{2x}\cos^2 t\,dt$ 　　　*(2)　$y=\displaystyle\int_x^{x^3}\log t\,dt\ (x>0)$ 　↩ 例題91

**233** 次の関数を $x$ について微分せよ。

(1)　$y=\displaystyle\int_0^x x\sin t\,dt$ 　　　*(2)　$y=\displaystyle\int_1^x (x-t)e^t\,dt$

(3)　$y=\displaystyle\int_0^x t\cos(x-t)dt$ 　　*(4)　$y=\displaystyle\int_0^x \log(x+t)dt\ (x>0)$

**234** 関数 $f(x)=\displaystyle\int_0^x (x-t)\sin t\,dt$ の第2次導関数を求めよ。

***235** 次の等式を満たす関数 $f(x)$ を求めよ。　　　　↩ 例題93

(1)　$f(x)=e^x+\displaystyle\int_0^1 tf(t)dt$ 　　　(2)　$f(x)=\sin x+3\displaystyle\int_0^{\frac{\pi}{2}} f(t)\cos t\,dt$

(3)　$e^x f(x)=1+\displaystyle\int_0^1 xf(t)dt$

---

ヒント　**233**　(1), (2)　被積分関数に含まれる $x$ を $\int$ の前に出してから微分する。

(3)　$x-t=u$ とおく。

(4)　$x+t=u$ とおく。

**235**　(3)　$\displaystyle\int_0^1 xf(t)dt=x\int_0^1 f(t)dt$ と変形し，$\displaystyle\int_0^1 f(t)dt=k$（定数）とおく。

71

---

$f(a)=\displaystyle\int_0^\pi (x-a\sin x)^2 dx$ を最小にする $a$ の値と，そのときの最小値を求めよ。

**解**　$f(a)=\displaystyle\int_0^\pi (x^2-2ax\sin x+a^2\sin^2 x)dx$

$\qquad =\displaystyle\int_0^\pi x^2 dx-2a\int_0^\pi x\sin x\,dx+a^2\int_0^\pi \sin^2 x\,dx$ 　　　◯〜〜〜は部分積分，〜〜は

$\qquad =\left[\dfrac{1}{3}x^3\right]_0^\pi -2a\left\{\left[x(-\cos x)\right]_0^\pi +\int_0^\pi \cos x\,dx\right\}+\dfrac{a^2}{2}\int_0^\pi (1-\cos 2x)dx$　$\sin^2 x=\dfrac{1-\cos 2x}{2}$ を利用

$\qquad =\dfrac{1}{3}\pi^3 -2a\left\{\pi+\left[\sin x\right]_0^\pi\right\}+\dfrac{a^2}{2}\left[x-\dfrac{1}{2}\sin 2x\right]_0^\pi$

$\qquad =\dfrac{\pi}{2}a^2 -2\pi a+\dfrac{1}{3}\pi^3=\dfrac{\pi}{2}(a-2)^2+\dfrac{1}{3}\pi^3 -2\pi$ 　　◯$a$ について平方完成する

よって　$a=2$ のとき　最小値 $\dfrac{1}{3}\pi^3 -2\pi$

---

**236** 次の問いに答えよ。

(1)　$f(a)=\displaystyle\int_0^{\frac{\pi}{2}}(a-\cos x)^2 dx$ を最小にする定数 $a$ の値を求めよ。

(2)　$I=\displaystyle\int_0^{\frac{\pi}{2}}\left\{a^2\sin x+(2b^2+1)\cos x+\dfrac{4b}{\pi}(a+2)\right\}dx$ を最小にする定数 $a$, $b$

の値と，そのときの最小値を求めよ。

---

$x=\dfrac{\pi}{2}-t$ とおいて，$I=\displaystyle\int_0^{\frac{\pi}{2}}\dfrac{\sin x}{\sin x+\cos x}dx$ の値を求めよ。

**解**　$x=\dfrac{\pi}{2}-t$ とおくと　$\dfrac{dx}{dt}=-1$ 　　◯$dx=(-1)dt$

| $x$ | $0\to\dfrac{\pi}{2}$ |
|---|---|
| $t$ | $\dfrac{\pi}{2}\to 0$ |

また　$\sin x=\sin\left(\dfrac{\pi}{2}-t\right)=\cos t,\ \cos x=\cos\left(\dfrac{\pi}{2}-t\right)=\sin t$ より

$\quad I=\displaystyle\int_0^{\frac{\pi}{2}}\dfrac{\sin x}{\sin x+\cos x}dx=\int_{\frac{\pi}{2}}^0 \dfrac{\cos t}{\cos t+\sin t}\cdot(-1)dt=\int_0^{\frac{\pi}{2}}\dfrac{\cos x}{\cos x+\sin x}dx$

$\quad$一方$\displaystyle\int_0^{\frac{\pi}{2}}\dfrac{\sin x}{\sin x+\cos x}dx+\int_0^{\frac{\pi}{2}}\dfrac{\cos x}{\sin x+\cos x}dx=\int_0^{\frac{\pi}{2}}\dfrac{\sin x+\cos x}{\sin x+\cos x}dx=\int_0^{\frac{\pi}{2}}dx=\dfrac{\pi}{2}$

よって　$I+I=\dfrac{\pi}{2}$ であるから　$I=\dfrac{\pi}{4}$

---

**237**　$x=\dfrac{\pi}{2}-t$ とおいて，次の等式を証明せよ。ただし，$n$ は正の整数とする。

$$\int_0^{\frac{\pi}{2}}\sin^n x\,dx=\int_0^{\frac{\pi}{2}}\cos^n x\,dx$$

**238** $\displaystyle\int_0^{\frac{\pi}{2}}\frac{\sin^3 x}{\sin x+\cos x}dx=\int_0^{\frac{\pi}{2}}\frac{\cos^3 x}{\sin x+\cos x}dx$ であることを示して，定積分

$I=\displaystyle\int_0^{\frac{\pi}{2}}\frac{\sin^3 x}{\sin x+\cos x}dx$ の値を求めよ。

---

**Step UP 例題 96　定積分と関数の決定(3)**

等式 $\displaystyle\int_a^x (x-t)f(t)dt=x^3$ を満たす関数 $f(x)$ と定数 $a$ の値を求めよ。

**解**　$x\displaystyle\int_a^x f(t)dt-\int_a^x tf(t)dt=x^3$ 　　　◖$t$ で積分するとき，$x$ は定数とみて，$\int$ の前に出す

両辺を $x$ で微分すると　$(x)'\displaystyle\int_a^x f(t)dt+x\left(\int_a^x f(t)dt\right)'-xf(x)=3x^2$ 　　◖積の微分

$\displaystyle\int_a^x f(t)dt+xf(x)-xf(x)=3x^2$ 　すなわち　$\displaystyle\int_a^x f(t)dt=3x^2$

さらに両辺を $x$ で微分すると　$\boldsymbol{f(x)=6x}$

また，与式において $x=a$ とおくと　$0=a^3$ より　$\boldsymbol{a=0}$ 　　　◖$\displaystyle\int_a^a f(x)dx=0$

---

**239**　次の等式を満たす関数 $f(x)$ と定数 $a$ の値を求めよ。

*(1)　$\displaystyle\int_0^x (x-t)f(t)dt=a\cos x-2$ 　　　(2)　$\displaystyle\int_a^x e^x f(t)dt=x^2-4$

---

**Step UP 例題 97　定積分と関数の決定(4)**

等式 $\displaystyle\int_1^{2x} f(t)dt=e^x+a$ を満たす関数 $f(x)$ と定数 $a$ の値を求めよ。

**解**　$2x=u$ とおくと，$x=\dfrac{u}{2}$ であるから　$\displaystyle\int_1^u f(t)dt=e^{\frac{u}{2}}+a$

この両辺を $u$ で微分すると　$f(u)=\dfrac{1}{2}e^{\frac{u}{2}}$ 　　　◖$f(\bullet)=\dfrac{1}{2}e^{\frac{\bullet}{2}}$

よって　$\boldsymbol{f(x)=\dfrac{1}{2}e^{\frac{x}{2}}}$

与式において $x=\dfrac{1}{2}$ とおくと 　　　◖$\displaystyle\int_1^{2x}$ の $2x=1$ となる $x$ の値

$\displaystyle\int_1^1 f(t)dt=e^{\frac{1}{2}}+a=0$ より　$\boldsymbol{a=-\sqrt{e}}$ 　　　◖$\displaystyle\int_a^a f(x)dx=0$

---

**240**　等式 $\displaystyle\int_a^{x+1} f(t)dt=xe^x$ を満たす関数 $f(x)$ と定数 $a$ の値を求めよ。

---

**ヒント**　**239** (2) $\displaystyle\int_a^x f(t)dt=(x$ の式$)$ に変形して，両辺を $x$ について微分する。

　**240**　$x+1=u$ とおいて，両辺を $u$ について微分する。

## 例題 98　定積分と和の極限　　　　類 241

次の極限値を求めよ。ただし，$n$ は自然数とする。

(1) $\displaystyle\lim_{n\to\infty}\frac{1}{n}\left(\sin\frac{\pi}{n}+\sin\frac{2\pi}{n}+\sin\frac{3\pi}{n}+\cdots\cdots+\sin\frac{n\pi}{n}\right)$

(2) $\displaystyle\lim_{n\to\infty}\frac{1}{n}(1+e^{\frac{1}{n}}+e^{\frac{2}{n}}+\cdots\cdots+e^{\frac{n-1}{n}})$

**解** (1) $\displaystyle\lim_{n\to\infty}\frac{1}{n}\left(\sin\frac{\pi}{n}+\sin\frac{2\pi}{n}+\cdots\cdots+\sin\frac{n\pi}{n}\right)$ 　$\displaystyle\lim_{n\to\infty}\frac{1}{n}\sum_{k=1}^{n}f\left(\frac{k}{n}\right)$
$\displaystyle=\int_0^1 f(x)dx$

$\displaystyle=\lim_{n\to\infty}\frac{1}{n}\sum_{k=1}^{n}\sin\frac{k\pi}{n}=\int_0^1\sin\pi x\,dx$

$\displaystyle=\left[-\frac{1}{\pi}\cos\pi x\right]_0^1=\frac{2}{\pi}$

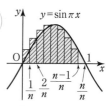

(2) $\displaystyle\lim_{n\to\infty}\frac{1}{n}(1+e^{\frac{1}{n}}+\cdots\cdots+e^{\frac{n-1}{n}})$ 　$\displaystyle\lim_{n\to\infty}\frac{1}{n}\sum_{k=0}^{n-1}f\left(\frac{k}{n}\right)$
$\displaystyle=\int_0^1 f(x)dx$

$\displaystyle=\lim_{n\to\infty}\frac{1}{n}\sum_{k=0}^{n-1}e^{\frac{k}{n}}=\int_0^1 e^x\,dx$

$\displaystyle=\left[e^x\right]_0^1=e-1$

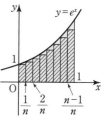

**エクセル**　和の極限

$\displaystyle\Rightarrow\ \lim_{n\to\infty}\frac{1}{n}\sum_{k=1}^{n}f\left(\frac{k}{n}\right)=\lim_{n\to\infty}\frac{1}{n}\sum_{k=0}^{n-1}f\left(\frac{k}{n}\right)=\int_0^1 f(x)dx$

## 例題 99　定積分と不等式の証明(1)　　　　類 242,243

$0\leqq x\leqq 2$ のとき，$1\leqq\sqrt{1+x^3}\leqq 1+x$ であることを利用して，不等式
$\displaystyle 2<\int_0^2\sqrt{1+x^3}dx<4$ を証明せよ。

**証明**　$0\leqq x\leqq 2$ の範囲で

$1\leqq\sqrt{1+x^3}\leqq 1+x$

であり，この不等式の等号は
つねには成り立たないから

$\displaystyle\int_0^2 1dx<\int_0^2\sqrt{1+x^3}dx<\int_0^2(1+x)dx$

$\displaystyle\left[x\right]_0^2<\int_0^2\sqrt{1+x^3}dx<\left[x+\frac{1}{2}x^2\right]_0^2$

よって　$\displaystyle 2<\int_0^2\sqrt{1+x^3}dx<4$　🏁

　🔵 左の等号は $x=0$ の
ときだけ成り立ち，
右の等号は $x=0,\ 2$
のときだけ成り立つ

　🔵 定積分の不等式では
等号はつけない

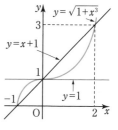

**エクセル**　$a\leqq x\leqq b$ で $f(x)\leqq g(x)$ $\displaystyle\Rightarrow\int_a^b f(x)dx\leqq\int_a^b g(x)dx$

(等号成立は，つねに $f(x)=g(x)$ のとき)

**241** 次の極限値を求めよ。ただし，$n$ は自然数とする。 ↩ 例題98

(1) $\displaystyle\lim_{n\to\infty}\frac{1}{n}\sum_{k=1}^{n}\cos\frac{k\pi}{2n}$

(2) $\displaystyle\lim_{n\to\infty}\frac{1}{n}\sum_{k=0}^{n-1}\log\left(1+\frac{k}{n}\right)$

*(3) $\displaystyle\lim_{n\to\infty}\frac{1}{n}\left(\sqrt{\frac{1}{n}}+\sqrt{\frac{2}{n}}+\sqrt{\frac{3}{n}}+\cdots\cdots+\sqrt{\frac{n}{n}}\right)$

*(4) $\displaystyle\lim_{n\to\infty}\frac{\pi}{6n}\left\{\sin^2\frac{\pi}{6n}+\sin^2\frac{2\pi}{6n}+\sin^2\frac{3\pi}{6n}+\cdots\cdots+\sin^2\frac{(n-1)\pi}{6n}\right\}$

**242** $0\leqq x\leqq 1$ のとき，$\dfrac{1}{x+1}\leqq\dfrac{1}{x^3+1}\leqq 1$ であることを利用して，

不等式 $\log 2<\displaystyle\int_0^1\frac{1}{x^3+1}dx<1$ を証明せよ。 ↩ 例題99

***243** $x\geqq 0$ のとき，$1\leqq\sqrt{1+x^2}\leqq 1+\dfrac{x^2}{2}$ であることを示し，

不等式 $1<\displaystyle\int_0^1\sqrt{1+x^2}dx<\frac{7}{6}$ を証明せよ。 ↩ 例題99

**244** 次の極限値を求めよ。ただし，$n$ は自然数とする。

*(1) $\displaystyle\lim_{n\to\infty}\left(\frac{1}{n+1}+\frac{1}{n+2}+\frac{1}{n+3}+\cdots\cdots+\frac{1}{2n}\right)$

(2) $\displaystyle\lim_{n\to\infty}\left(\sqrt{\frac{n+2}{n^3}}+\sqrt{\frac{n+4}{n^3}}+\sqrt{\frac{n+6}{n^3}}+\cdots\cdots+\sqrt{\frac{n+2n}{n^3}}\right)$

*(3) $\displaystyle\lim_{n\to\infty}\left(\frac{1}{n^2+1^2}+\frac{2}{n^2+2^2}+\frac{3}{n^2+3^2}+\cdots\cdots+\frac{n}{n^2+n^2}\right)$

**245** $0\leqq x\leqq 1$ のとき，次の不等式 〔A〕を示し，不等式 〔B〕を証明せよ。

〔A〕 $\dfrac{1}{1+x^2}\leqq\dfrac{1}{1+x^4}\leqq 1$

〔B〕 $\dfrac{\pi}{4}<\displaystyle\int_0^1\frac{1}{1+x^4}dx<1$

***246** 不等式 $\dfrac{1}{2}<\displaystyle\int_0^1 x^{\cos\frac{\pi}{3}x}dx<\frac{2}{3}$ を証明せよ。

---

**ヒント** **245** 〔A〕 $0\leqq x\leqq 1$ で $0\leqq x^4\leqq x^2$ より $1\leqq 1+x^4\leqq 1+x^2$ を利用する。

**246** $0\leqq x\leqq 1$ のとき，$\dfrac{1}{2}\leqq\cos\dfrac{\pi}{3}x\leqq 1$ より $x\leqq x^{\cos\frac{\pi}{3}x}\leqq x^{\frac{1}{2}}$

3章

積分法

# 定積分と不等式／定積分と極限値

$n$ を 2 以上の自然数とするとき，次の不等式を証明せよ。

$$\frac{1}{2^2}+\frac{1}{3^2}+\frac{1}{4^2}+\cdots\cdots+\frac{1}{n^2}<1-\frac{1}{n}$$

**証明**　$x>0$ のとき，$f(x)=\dfrac{1}{x^2}$ は減少関数であるから，

自然数 $k$ に対して　$k\leqq x\leqq k+1$ のとき

$$\frac{1}{(k+1)^2}\leqq\frac{1}{x^2}$$
　等号は $x=k+1$ の
　ときだけ成り立つ

等号はつねには成り立たないから

$$\int_k^{k+1}\frac{1}{(k+1)^2}dx<\int_k^{k+1}\frac{1}{x^2}dx　より　\frac{1}{(k+1)^2}<\int_k^{k+1}\frac{1}{x^2}dx$$

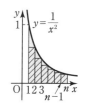

ここで，$k=1,\ 2,\ 3,\ \cdots\cdots,\ n-1$ を代入して，辺々を加えると

$$(左辺)=\frac{1}{2^2}+\frac{1}{3^2}+\frac{1}{4^2}+\cdots\cdots+\frac{1}{n^2}$$

$$(右辺)=\int_1^n\frac{1}{x^2}dx=\left[-\frac{1}{x}\right]_1^n=1-\frac{1}{n}$$

よって　$\dfrac{1}{2^2}+\dfrac{1}{3^2}+\dfrac{1}{4^2}+\cdots\cdots+\dfrac{1}{n^2}<1-\dfrac{1}{n}$　**終**

---

**247**　次の不等式を証明せよ。ただし，$n$ は自然数とする。

(1)　$1+\sqrt{2}+\sqrt{3}+\cdots\cdots+\sqrt{n}<\dfrac{2}{3}\{(n+1)\sqrt{n+1}-1\}$

*(2)　$1+\dfrac{1}{2^3}+\dfrac{1}{3^3}+\cdots\cdots+\dfrac{1}{n^3}>\dfrac{1}{2}\left\{1-\dfrac{1}{(n+1)^2}\right\}$

**248**　(1)　不等式　$\dfrac{1}{(n+1)^2}<\displaystyle\int_n^{n+1}\frac{1}{x^2}dx<\dfrac{1}{n^2}$　を証明せよ。ただし，$n$ は自然数とする。

(2)　(1)を用いて，次の不等式を証明せよ。

$$\frac{91}{100}<\frac{1}{1^2}+\frac{1}{2^2}+\frac{1}{3^2}+\cdots\cdots+\frac{1}{10^2}<\frac{19}{10}$$

*249　(1)　次の不等式を証明せよ。ただし，$n$ は自然数とする。

$$1+\frac{1}{\sqrt{2}}+\frac{1}{\sqrt{3}}+\cdots\cdots+\frac{1}{\sqrt{n}}>2(\sqrt{n+1}-1)$$

(2)　$\displaystyle\sum_{k=1}^{\infty}\frac{1}{\sqrt{k}}$ は発散することを示せ。

**250** (1) 次の不等式を証明せよ。ただし，$n$ は自然数とする。

$$\frac{2}{3}n\sqrt{n} < 1 + \sqrt{2} + \sqrt{3} + \cdots\cdots + \sqrt{n} < \frac{2}{3}n\sqrt{n} + \sqrt{n}$$

(2) 極限値 $\displaystyle\lim_{n\to\infty}\frac{1 + \sqrt{2} + \sqrt{3} + \cdots\cdots + \sqrt{n}}{n\sqrt{n}}$ を求めよ。

---

**Step UP 例題101　積分で表された関数の極限値(1)**

極限値 $\displaystyle\lim_{x\to 0}\frac{1}{x}\int_0^x (1+\sin t)^2\,dt$ を求めよ。

**解** $\displaystyle\int (1+\sin t)^2\,dt = F(t)$　とおけば　$F'(t) = (1+\sin t)^2$　　◯ 不定積分の定義

よって　(与式)$\displaystyle = \lim_{x\to 0}\frac{1}{x}\Big[F(t)\Big]_0^x = \lim_{x\to 0}\frac{F(x)-F(0)}{x-0}$　　◯ 微分係数の定義

$\displaystyle = F'(0) = (1+\sin 0)^2 = 1$

**エクセル** 微分係数の定義 ➡ $\displaystyle f'(a) = \lim_{h\to 0}\frac{f(a+h)-f(a)}{h} = \lim_{x\to a}\frac{f(x)-f(a)}{x-a}$

---

**251** 次の極限値を求めよ。

*(1) $\displaystyle\lim_{h\to 0}\frac{1}{h}\int_x^{x+h} e^t\sin t\,dt$　　　　(2) $\displaystyle\lim_{x\to 0}\int_0^x \frac{\sin^2 t}{x}\,dt$

---

**Step UP 例題102　積分で表された関数の極限値(2)**

不等式 $\displaystyle 0 \leqq \frac{x^{2n}}{1+x^2} \leqq x^{2n}$ を利用して，極限値 $\displaystyle\lim_{n\to\infty}\int_0^1 \frac{x^{2n}}{1+x^2}\,dx$ を求めよ。

**解** $\displaystyle 0 \leqq \frac{x^{2n}}{1+x^2} \leqq x^{2n}$　より　$\displaystyle\int_0^1 0\,dx < \int_0^1 \frac{x^{2n}}{1+x^2}\,dx < \int_0^1 x^{2n}\,dx$

$\displaystyle\int_0^1 x^{2n}\,dx = \Big[\frac{x^{2n+1}}{2n+1}\Big]_0^1 = \frac{1}{2n+1}$　であるから　$\displaystyle 0 < \int_0^1 \frac{x^{2n}}{1+x^2}\,dx < \frac{1}{2n+1}$

ここで　$\displaystyle\lim_{n\to\infty}\frac{1}{2n+1} = 0$　であるから，はさみうちの原理より　$\displaystyle\lim_{n\to\infty}\int_0^1 \frac{x^{2n}}{1+x^2}\,dx = 0$

---

**252** $\displaystyle I_n = \int_0^{\frac{\pi}{4}} \tan^n x\,dx$ とおくとき，次の問いに答えよ。ただし，$n$ は自然数とする。

(1) $0 \leqq x \leqq \dfrac{\pi}{4}$ のとき，$\tan x \leqq \dfrac{4}{\pi}x$ であることを利用して，不等式

$I_n < \dfrac{\pi}{4(n+1)}$ を証明せよ。

(2) 極限値 $\displaystyle\lim_{n\to\infty} I_n$ を求めよ。

77

3章 積分法

# 38 面積

例題103 **曲線と座標軸で囲まれた図形の面積**  類253

次の曲線や直線で囲まれた図形の面積 $S$ を求めよ。

(1) $y=\sqrt{4-x}$, $x$ 軸, $y$ 軸  (2) $y=\log x$, $x$ 軸, $x=2$

**解** (1) $S=\displaystyle\int_0^4 \sqrt{4-x}\,dx=\left[-\frac{2}{3}(4-x)^{\frac{3}{2}}\right]_0^4$

$=-\dfrac{2}{3}(0-8)=\dfrac{16}{3}$

(2) $S=\displaystyle\int_1^2 \log x\,dx=\Big[x\log x-x\Big]_1^2$ 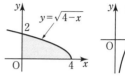 $\int\log x\,dx$ $=x\log x-x+C$

$=2\log 2-1$

**エクセル** 面積を求める ➡ まず, 曲線の概形や共有点を調べる

例題104 **2 曲線で囲まれた図形の面積**  類254,257

次の 2 曲線で囲まれた図形の面積 $S$ を求めよ。

$$y=\sin x,\ \ y=\cos x\ \ \left(-\frac{3}{4}\pi\leqq x\leqq\frac{\pi}{4}\right)$$

**解** $-\dfrac{3}{4}\pi\leqq x\leqq\dfrac{\pi}{4}$ のとき $\sin x\leqq\cos x$,

2 曲線で囲まれた図形は右の図の色のついた
部分であるから

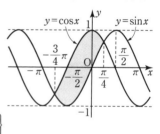

$S=\displaystyle\int_{-\frac{3}{4}\pi}^{\frac{\pi}{4}}(\cos x-\sin x)dx=\Big[\sin x+\cos x\Big]_{-\frac{3}{4}\pi}^{\frac{\pi}{4}}$

$=\left(\sin\dfrac{\pi}{4}+\cos\dfrac{\pi}{4}\right)-\left\{\sin\left(-\dfrac{3\pi}{4}\right)+\cos\left(-\dfrac{3\pi}{4}\right)\right\}$

$=2\sqrt{2}$

**エクセル** 2 曲線で囲まれた面積

➡ $a\leqq x\leqq b$ で $f(x)\geqq g(x)$ のとき, $S=\displaystyle\int_a^b\{f(x)-g(x)\}dx$

例題105 **曲線と接線で囲まれた図形の面積**  類256,260

曲線 $y=e^{-x}$ 上の点 $(-1,\ e)$ を接点とする接線を引くとき, 曲線と接線
と $y$ 軸によって囲まれた図形の面積 $S$ を求めよ。

**解** $y'=-e^{-x}$ より, 点 $(-1,\ e)$ における接線の方程式は

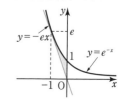

$y-e=-e(x+1)$ すなわち $y=-ex$

よって $S=\displaystyle\int_{-1}^0\{e^{-x}-(-ex)\}dx$

$=\left[-e^{-x}+\dfrac{1}{2}ex^2\right]_{-1}^0=\dfrac{e-2}{2}$

**253** 次の曲線や直線で囲まれた図形の面積 $S$ を求めよ。 ↩ 例題103

*(1)  $y=\sqrt{x+2}$, $x$ 軸, $y$ 軸

(2)  $y=e^{1-x}$, $x=1$, $x=2$, $x$ 軸

*(3)  $y=\dfrac{4}{x+1}$, $x=3$, $x$ 軸, $y$ 軸

(4)  $y=\tan x-1$, $x$ 軸, $y$ 軸

**254** 次の曲線や直線で囲まれた図形の面積 $S$ を求めよ。 ↩ 例題104

*(1)  $y=\dfrac{6}{x}$, $y=-\dfrac{1}{2}x+4$  (2)  $y=xe^x$, $y=ex$

*__255__ 次の曲線や直線で囲まれた図形の面積 $S$ を求めよ。

(1)  $x=3e^y$, $x$ 軸, $y$ 軸, $y=2$  (2)  $x=-y^2+4y$, $x+y=4$

*__256__ 曲線 $y=x^3+4$ 上の点 $(1, 5)$ を接点とする接線を引くとき，曲線と接線によって囲まれた図形の面積 $S$ を求めよ。 ↩ 例題105

**257** 次の曲線や直線で囲まれた図形の面積 $S$ を求めよ。 ↩ 例題104

*(1)  $y=\sin x$, $y=\cos 2x$  $(0\leqq x\leqq 2\pi)$

(2)  $y=\dfrac{2x}{x^2+1}$, $y=x$

**258** 次の曲線や直線で囲まれた図形の面積 $S$ を求めよ。

(1)  $y=\sqrt{x-1}$, $x$ 軸, $y$ 軸, $y=1$  *(2)  $y=x^3-4$, $y$ 軸, $y=4$

**259** 曲線 $y=\sin x$ $\left(0\leqq x\leqq\dfrac{\pi}{2}\right)$ と直線 $x=\dfrac{\pi}{2}$ および $x$ 軸で囲まれた図形の面積が直線 $x=a$ で2等分されるとき，$a$ の値を求めよ。

*__260__ 曲線 $y=\tan x$ $\left(0\leqq x<\dfrac{\pi}{2}\right)$ と，この曲線上の点 $\left(\dfrac{\pi}{4}, 1\right)$ における接線および $x$ 軸で囲まれた図形の面積 $S$ を求めよ。 ↩ 例題105

---

**ヒント** **257** (1)  $\dfrac{\pi}{6}\leqq x\leqq\dfrac{5}{6}\pi$ で $\sin x\geqq\cos 2x$, $\dfrac{5}{6}\pi\leqq x\leqq\dfrac{3}{2}\pi$ で $\sin x\leqq\cos 2x$ である。

(2)  グラフはともに原点に関して対称である。

# 39 体積

例題106 **断面積と体積**  圞**264**

底面の周が $x^2+9y^2=9$ で表される立体がある。この立体の $x$ 軸に垂直な平面で切ったときの断面はつねに正三角形である。この立体の体積 $V$ を求めよ。

**解** この立体を座標 $x$ の平面で切ったときの切り口の
1辺の長さは $2y$ である。断面積を $S(x)$ とすると

$$S(x)=\frac{1}{2}\times 2y\times 2y\sin 60°=\sqrt{3}\,y^2=\sqrt{3}\left(1-\frac{x^2}{9}\right)$$

よって，求める体積は

$$V=2\int_0^3 \sqrt{3}\left(1-\frac{x^2}{9}\right)dx=2\sqrt{3}\left[x-\frac{x^3}{27}\right]_0^3=4\sqrt{3}$$

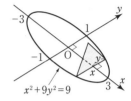

◉ 立体は平面 $x=0$ に関して対称

**エクセル** $x$ 軸に垂直な切り口の断面積が $S(x)$ ➡ $a\leqq x\leqq b$ の体積 $V=\int_a^b S(x)dx$

例題107 **座標軸まわりの回転体の体積**  圞**262**

曲線 $y=e^x+1$，$x$ 軸，$y$ 軸，$x=2$ で囲まれた図形を $x$ 軸のまわりに1回転してできる立体の体積 $V$ を求めよ。

**解** 求める体積は，右の図の色のついた部分を $x$ 軸の
まわりに1回転してできる立体の体積であるから

$$V=\pi\int_0^2 (e^x+1)^2 dx=\pi\int_0^2 (e^{2x}+2e^x+1)dx$$

$$=\pi\left[\frac{1}{2}e^{2x}+2e^x+x\right]_0^2=\frac{1}{2}(e^4+4e^2-1)\pi$$

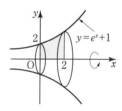

**エクセル** 回転体の体積 ➡ $x$ 軸回転 $V=\pi\int_a^b y^2 dx$，$y$ 軸回転 $V=\pi\int_c^d x^2 dy$

例題108 **曲線および直線で囲まれた図形の回転体の体積**  圞**267**

2曲線 $y=\sin x$，$y=-\cos x$ の区間 $\left[0,\dfrac{\pi}{2}\right]$ で囲まれた図形を $x$ 軸のまわりに1回転してできる立体の体積 $V$ を求めよ。

**解** $y=\sin x$ …①，$y=-\cos x$ …②
のグラフは右の図のようになる。
②の $y<0$ の部分を $x$ 軸に対称に折り返して
考えると，求める体積は

$$V=2\pi\int_0^{\frac{\pi}{4}} \cos^2 x\, dx$$

◉ 回転体は平面 $x=\frac{\pi}{4}$ に関して対称

$$=\pi\int_0^{\frac{\pi}{4}}(1+\cos 2x)dx=\pi\left[x+\frac{1}{2}\sin 2x\right]_0^{\frac{\pi}{4}}=\frac{\pi(\pi+2)}{4}$$

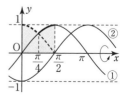

## A

\***261** 次の曲線と $x$ 軸で囲まれた図形を $x$ 軸のまわりに 1 回転してできる立体の体積 $V$ を求めよ。

(1) $y=x^2-1$ 　　　(2) $y=x^3-x$ 　　　(3) $y=\sqrt{9-x^2}$

**262** 次の曲線や直線で囲まれた図形を $x$ 軸のまわりに 1 回転してできる立体の体積 $V$ を求めよ。　　　↵ 例題107

\*(1) $y=\dfrac{1}{x}+1$, $y=0$, $x=1$, $x=3$ 　(2) $y=\sqrt{x+1}-1$, $y=0$, $x=3$

(3) $y=\sin x$ $(0\leqq x\leqq \pi)$, $y=0$ 　　\*(4) $y=e^x$, $x$ 軸, $y$ 軸, $x=2$

\***263** 次の曲線や直線で囲まれた図形を $y$ 軸のまわりに 1 回転してできる立体の体積 $V$ を求めよ。

(1) $y=\dfrac{1}{x}$, $x=0$, $y=1$, $y=3$ 　　(2) $y=\log x$, $x=0$, $y=0$, $y=2$

## B

\***264** $x$ 軸上の区間 $0\leqq x\leqq \pi$ において，点 $x$ を通り $x$ 軸に垂直な平面で切った切り口が，1 辺の長さが $\sin x$ の正三角形である立体の体積 $V$ を求めよ。　　↵ 例題106

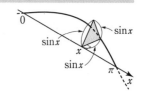

\***265** 円 $x^2+(y-4)^2=4$ を $x$ 軸のまわりに 1 回転してできる立体の体積 $V$ を求めよ。

**266** 曲線 $x^{\frac{2}{3}}+y^{\frac{2}{3}}=1$ $(x\geqq 0,\ y\geqq 0)$ と $x$ 軸，$y$ 軸とで囲まれた図形を $x$ 軸のまわりに 1 回転してできる立体の体積 $V$ を求めよ。

**267** 次の曲線や直線で囲まれた図形を $x$ 軸のまわりに 1 回転してできる立体の体積 $V$ を求めよ。　　　↵ 例題108

\*(1) $y=x^2-4$, $y=3x$

(2) $y=\sin x$, $y=\sin 2x$ $\left(\dfrac{\pi}{3}\leqq x\leqq \pi\right)$

---

ヒント **264** 座標 $x$ で切った切り口の面積 $S(x)$ は $S(x)=\dfrac{\sqrt{3}}{4}\sin^2 x$ である。

**267** (1), (2) グラフの $y<0$ の部分を $x$ 軸に関して対称に折り返して考える。

**Step UP 例題109** 媒介変数で表された曲線と $x$ 軸で囲まれた図形の面積

媒介変数で表された曲線 $x=1-t^3$, $y=t-t^2$ $(0\leqq t\leqq 1)$ と $x$ 軸で囲まれた図形の面積 $S$ を求めよ。

**解** $0\leqq t\leqq 1$ において，$y=0$ とすると $t=0$, $1$

$0\leqq t\leqq 1$ では，つねに $y\geqq 0$

$x=1-t^3$ より $\dfrac{dx}{dt}=-3t^2$

| $x$ | $0 \to 1$ |
|---|---|
| $t$ | $1 \to 0$ |

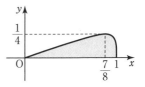

よって，求める面積 $S$ は，置換積分法より

$$S=\int_0^1 y\,dx=\int_1^0 (t-t^2)\cdot(-3t^2)\,dt \qquad \bigcirc\,dx=-3t^2dt$$

$$=3\int_0^1 (t^3-t^4)\,dt=3\left[\frac{1}{4}t^4-\frac{1}{5}t^5\right]_0^1=\frac{3}{20}$$

**エクセル** 媒介変数で表された曲線と $x$ 軸で囲まれた面積 ➡ $S=\displaystyle\int_a^b y\,dx=\int_\alpha^\beta y\dfrac{dx}{dt}\,dt$

**268** 媒介変数で表された曲線 $x=t^2$, $y=2t-t^2$ $(0\leqq t\leqq 2)$ と $x$ 軸で囲まれた図形の面積 $S$ を求めよ。

**Step UP 例題110** 媒介変数で表された曲線と回転体の体積

媒介変数で表された曲線 $x=2t^3$, $y=1-t^2$ $(-1\leqq t\leqq 1)$ と $x$ 軸で囲まれた図形を $x$ 軸のまわりに1回転してできる立体の体積 $V$ を求めよ。

**解** $-1\leqq t\leqq 1$ において，$y=0$ とすると $t=\pm 1$

$x=2t^3$ より $\dfrac{dx}{dt}=6t^2$

| $x$ | $-2 \to 2$ |
|---|---|
| $t$ | $-1 \to 1$ |

よって，求める体積 $V$ は，置換積分法より

$$V=\pi\int_{-2}^2 y^2\,dx=\pi\int_{-1}^1 (1-t^2)^2\cdot 6t^2\,dt \qquad \bigcirc\,dx=6t^2dt$$

$$=12\pi\int_0^1 (t^2-2t^4+t^6)\,dt \qquad \bigcirc\begin{array}{l}\text{回転体は平面 } x=0 \\ \text{に関して対称}\end{array}$$

$$=12\pi\left[\frac{1}{3}t^3-\frac{2}{5}t^5+\frac{1}{7}t^7\right]_0^1=\frac{32}{35}\pi$$

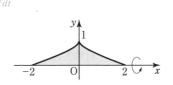

**エクセル** 媒介変数で表された曲線と回転体の体積 ➡ $V=\pi\displaystyle\int_a^b y^2\,dx=\pi\int_\alpha^\beta y^2\dfrac{dx}{dt}\,dt$

**\*269** 楕円 $\begin{cases} x=3\cos\theta \\ y=2\sin\theta \end{cases}$ $(0\leqq\theta\leqq 2\pi)$ によって囲まれた図形を $x$ 軸のまわりに1回転してできる立体の体積 $V$ を求めよ。

曲線 $y^2=(x-3)^2x$ で囲まれた図形の面積 $S$ を求めよ。

**解**　$y^2=(x-3)^2x$ ……① とおく。$y^2 \geqq 0$, $(x-3)^2 \geqq 0$ であるから　$x \geqq 0$

このとき①は　$y=\pm(x-3)\sqrt{x}$

いま　$y=(x-3)\sqrt{x}$ ……② について

$$y'=1 \cdot \sqrt{x}+(x-3) \cdot \frac{1}{2\sqrt{x}}=\frac{3(x-1)}{2\sqrt{x}}$$

よって，②の増減表は右のようになる。

| $x$ | $0$ | $\cdots$ | $1$ | $\cdots$ |
|---|---|---|---|---|
| $y'$ | | $-$ | $0$ | $+$ |
| $y$ | $0$ | $\searrow$ | $-2$ | $\nearrow$ |

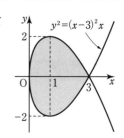

$y=-(x-3)\sqrt{x}$ のグラフは，②のグラフと $x$ 軸に関して
対称であるから，①のグラフは右の図のようになる。

$0 \leqq x \leqq 3$ では $(x-3)\sqrt{x} \leqq 0$ であるから

$$S=-2\int_0^3(x-3)\sqrt{x}\,dx=-2\int_0^3(x\sqrt{x}-3\sqrt{x})dx$$

$$=-2\left[\frac{2}{5}x^2\sqrt{x}-2x\sqrt{x}\right]_0^3=\frac{24\sqrt{3}}{5}$$

**エクセル**　曲線が囲む面積 ➡ まず，グラフをかいて対称性を調べる

*270　次の曲線で囲まれた図形の面積 $S$ を求めよ。

(1)　$y^2=x^2(4-x^2)$

(2)　$2x^2-2xy+y^2=1$

271　原点 O から曲線 $C:y=\log x$ に引いた接線を $l$ とし，曲線 $C$ と接線 $l$ と
$x$ 軸で囲まれた図形を $D$ とする。このとき，次の問いに答えよ。

(1)　図形 $D$ の面積 $S$ を求めよ。

(2)　図形 $D$ を $x$ 軸のまわりに1回転してできる立体の体積 $V$ を求めよ。

272　曲線 $y=2\sin x$ $(0 \leqq x \leqq \pi)$ と直線 $y=1$ で囲まれた図形を直線 $y=1$
のまわりに1回転してできる立体の体積 $V$ を求めよ。

273　放物線 $y=x^2-x$ と直線 $y=x$ で囲まれた図形を，直線 $y=x$ のまわり
に1回転してできる立体の体積 $V$ を求めよ。

**ヒント**　270　(1)　グラフは $x$ 軸，$y$ 軸に関して対称であるから　$S=4\times$(第1象限の部分の面積)

(2)　$y$ について解くと，$y=x\pm\sqrt{1-x^2}$ $(-1 \leqq x \leqq 1)$

272　曲線 $y=2\sin x$ を $y$ 軸方向に $-1$ だけ平行移動して $x$ 軸のまわりに回転したものと考
える。

273　曲線上の点 $\mathrm{P}(x, x^2-x)$ から，直線 $y=x$ へ引いた垂線の足を H とし，$\mathrm{PH}=l$, $\mathrm{OH}=t$
とすると，$V=\int_0^{2\sqrt{2}}\pi l^2 dt$ となることから求める。

# 41 曲線の長さ／速度・道のり

例題112 **媒介変数表示された曲線の長さ** 圞274,279

曲線 $x=3t^2$, $y=3t-t^3$ $(0 \leqq t \leqq \sqrt{3})$ の長さ $L$ を求めよ。

**解** $\dfrac{dx}{dt}=6t$, $\dfrac{dy}{dt}=3-3t^2$ より

$$L=\int_0^{\sqrt{3}} \sqrt{(6t)^2+(3-3t^2)^2}\,dt=3\int_0^{\sqrt{3}}(t^2+1)dt$$

$$=3\left[\frac{1}{3}t^3+t\right]_0^{\sqrt{3}}=\mathbf{6\sqrt{3}}$$

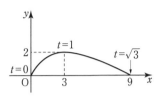

**エクセル** 曲線 $x=f(t)$, $y=g(t)$ $(\alpha \leqq t \leqq \beta)$ の長さ ➡ $L=\displaystyle\int_\alpha^\beta \sqrt{\left(\dfrac{dx}{dt}\right)^2+\left(\dfrac{dy}{dt}\right)^2}\,dt$

例題113 **曲線 $y=f(x)$ の長さ** 圞275,280

曲線 $y=\dfrac{1}{2}(e^x+e^{-x})$ $(-1 \leqq x \leqq 1)$ の長さ $L$ を求めよ。

**解** 求める長さ $L$ は，右の図の実線部分である。

$$\frac{dy}{dx}=\frac{1}{2}(e^x-e^{-x}) \quad より$$

$$L=\int_{-1}^1 \sqrt{1+\left\{\frac{1}{2}(e^x-e^{-x})\right\}^2}\,dx$$

$$=\int_{-1}^1 \sqrt{\left(\frac{e^x+e^{-x}}{2}\right)^2}\,dx$$

$$=2\times\frac{1}{2}\int_0^1 (e^x+e^{-x})dx=\left[e^x-e^{-x}\right]_0^1=\mathbf{e-\frac{1}{e}}$$

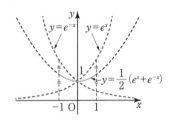

**エクセル** 曲線 $y=f(x)$ $(a \leqq x \leqq b)$ の長さ ➡ $L=\displaystyle\int_a^b \sqrt{1+\{f'(x)\}^2}\,dx$

例題114 **速度と道のり** 圞276

数直線上を速度 $v=\sin\pi t$ で運動する点Pがある。時刻 $t=0$ から $t=3$ までの点Pの位置の変化 $l_1$ を求めよ。また，実際に動いた道のり $l_2$ を求めよ。

**解** $l_1=\displaystyle\int_0^3 \sin\pi t\,dt=\left[-\frac{1}{\pi}\cos\pi t\right]_0^3=\mathbf{\frac{2}{\pi}}$

$l_2=\displaystyle\int_0^3 |\sin\pi t|\,dt$

$=3\displaystyle\int_0^1 \sin\pi t\,dt=3\left[-\frac{1}{\pi}\cos\pi t\right]_0^1=\mathbf{\frac{6}{\pi}}$

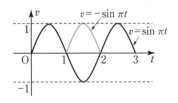

**エクセル** 数直線上の動点が時刻 $t$ で速度 $v$ のとき $\begin{cases} 位置の変化 ➡ \displaystyle\int_{t_1}^{t_2} v\,dt \\ 道のり ➡ \displaystyle\int_{t_1}^{t_2} |v|\,dt \end{cases}$

**274** 次の曲線の長さ $L$ を求めよ。　　　　　　　　　　　　　　↩ 例題112

　(1) $x=2t+1$, $y=e^t+e^{-t}$ $(0\leq t\leq 1)$

　(2) $x=t^2$, $y=\dfrac{2}{3}t^3$ $(0\leq t\leq\sqrt{3})$

　*(3) $x=e^{-t}\cos t$, $y=e^{-t}\sin t$ $(0\leq t\leq\pi)$

**275** 次の曲線の長さ $L$ を求めよ。　　　　　　　　　　　　　　↩ 例題113

　*(1) $y=x\sqrt{x}$ $(0\leq x\leq 5)$ 　　　　　(2) $y=\dfrac{3}{2}(e^{\frac{x}{3}}+e^{-\frac{x}{3}})$ $(-6\leq x\leq 6)$

**276** 数直線上を運動する点 P の時刻 $t$ における速度 $v$ が，次の式で与えられているとき，(　　)内の時間に動く点 P の位置の変化と実際に動いた道のりを求めよ。　　　　　　　　　　　　　　　　　　　　　　　　　↩ 例題114

　(1) $v=\cos t$ $\left(0\leq t\leq\dfrac{3}{2}\pi\right)$ 　　　　　*(2) $v=\sqrt{t}-1$ $(0\leq t\leq 4)$

***277** 平面上を動く点 P の座標が時刻 $t$ の関数として
$$x=1-\cos\pi t,\ y=\sin\pi t$$
で表されるとき，$t=0$ から $t=2$ まで変化したとき，点 P が実際に動いた道のり $l$ を求めよ。　　　　　　　　　　　　　　　　　　　　　　　↩ 例題112

**278** 数直線上を運動する点 P の時刻 $t$ における速度 $v$ が $v=3t^2-10t+2$ で与えられているとき，次の問いに答えよ。

　(1) $t=0$ における点 P の座標が $x=5$ であるとき，$t=4$ のときの点 P の座標 $x$ を求めよ。

　(2) $t=2$ における点 P の位置が原点であるとき，次に点 P が原点に戻るときの $t$ の値を求めよ。

**279** 次の曲線の長さ $L$ を求めよ。　　　　　　　　　　　　　　↩ 例題112

　*(1) $x=t-\sin t$, $y=1-\cos t$ $(0\leq t\leq 2\pi)$

　(2) $x=a\cos^3 t$, $y=a\sin^3 t$ $(0\leq t\leq 2\pi)$　　ただし，$a>0$ とする。

**280** 次の曲線の長さ $L$ を求めよ。　　　　　　　　　　　　　　↩ 例題113

　(1) $y=\sqrt{16-x^2}$ $(0\leq x\leq 2)$ 　　　　　(2) $y=\log(1-x^2)$ $\left(0\leq x\leq\dfrac{1}{2}\right)$

3 章

積分法

85

## Step UP 例題115　微分方程式

微分方程式 $\dfrac{dy}{dx}=y$ を解け。

**解**　(i)　定数関数 $y=0$ は明らかに解である。

(ii)　$y\neq 0$ のとき　$\dfrac{1}{y}\cdot\dfrac{dy}{dx}=1$ ◉両辺を $y$ で割る

$\displaystyle\int\dfrac{1}{y}\cdot\dfrac{dy}{dx}dx=\int 1\,dx$ であるから　$\displaystyle\int\dfrac{1}{y}dy=\int dx$ ◉両辺を $x$ で積分する

よって　$\log|y|=x+C_1$　（$C_1$ は任意の定数）

$|y|=e^{x+C_1}$

すなわち　$y=\pm e^{C_1}\cdot e^x$

ここで，$\pm e^{C_1}=C$ とおくと

$y=Ce^x$　（$C$ は 0 以外の任意の定数）

(i)，(ii)より，求める解は ◉(ii)で $C=0$ とおくと，

$y=Ce^x$　（$C$ は任意の定数） (i)の $y=0$ となる

**エクセル**　微分方程式 ➡ $f(y)\dfrac{dy}{dx}=g(x)$ の形に変形して，両辺を $x$ について積分する

---

**281**　次の微分方程式を解け。

(1)　$\dfrac{dy}{dx}=x\cos x$　　　　(2)　$\dfrac{dy}{dx}=\dfrac{x}{y}$　　　　(3)　$\dfrac{dy}{dx}=2xy$

**282**　$f(x)$ は微分可能な関数で，次の等式を満たしている。このとき，$f(x)$ を求めよ。

$f'(x)=(x+1)f(x)$,　$f(1)=1$

**283**　$f(x)$ は微分可能な関数で，次の等式を満たしている。

$f(x)+f'(x)=x$,　$f(0)=1$

このとき，次の問いに答えよ。

(1)　$g(x)=e^x f(x)$ とおくとき，$g'(x)$ を求めよ。

(2)　$f(x)$ を求めよ。

**284**　$f(x)$ は微分可能な関数で，次の等式を満たしている。このとき，$f(x)$ を求めよ。

$f(x)=2+\displaystyle\int_0^x f(t)dt$

第1象限にある曲線 $y=f(x)$ 上の任意の点 $(x, y)$ における接線が点 $(3x, 0)$ を通るとき，$f(x)$ を求めよ。ただし，この曲線は点 $(4, 3)$ を通るものとする。

**解** 曲線 $y=f(x)$ 上の点 $(x, y)$ における接線の方程式は

$$Y-y=f'(x)(X-x)$$

◀ 横軸を $X$ 軸，縦軸を $Y$ 軸として考える

この接線が点 $(3x, 0)$ を通るとき

$$0-y=f'(x)(3x-x)$$

であるから

$$-y=2xf'(x)$$

よって $2x\cdot\dfrac{dy}{dx}=-y$   ◀ 曲線が満たす微分方程式

ここで，曲線 $y=f(x)$ は第1象限にあるから

$$y\neq0$$   ◀ $f(x)$ は定数関数 $f(x)=0$ ではない

ゆえに $\dfrac{1}{y}\cdot\dfrac{dy}{dx}=-\dfrac{1}{2x}$   ◀ $x\neq0$

両辺を $x$ について積分すると

$$\int\dfrac{1}{y}\cdot\dfrac{dy}{dx}dx=\int\left(-\dfrac{1}{2x}\right)dx$$

$$\int\dfrac{1}{y}dy=-\dfrac{1}{2}\int\dfrac{1}{x}dx$$

したがって

$$\log y=-\dfrac{1}{2}\log x+C_1$$

◀ 第1象限にある曲線なので $x>0$, $y>0$ であるから | | は不要

$$=\log\dfrac{e^{C_1}}{\sqrt{x}}\quad(C_1 \text{ は任意の定数})$$

◀ $C_1=\log e^{C_1}$

すなわち $y=\dfrac{e^{C_1}}{\sqrt{x}}$

ここで，$e^{C_1}=C$（$C$ は正の任意の定数）とおくと

$$y=\dfrac{C}{\sqrt{x}}\quad\text{すなわち}\quad f(x)=\dfrac{C}{\sqrt{x}}$$

$f(4)=3$ から $C=6$

よって $f(x)=\dfrac{6}{\sqrt{x}}$

---

**285** 点 $(1, 3)$ を通る曲線 $y=f(x)$ 上の任意の点 $(x, y)$ における接線が，点 $(0, 2y)$ を通るとき，$f(x)$ を求めよ。

# 復習問題

## 関数と極限

**1** グラフを利用して，次の不等式を解け。

(1) $\dfrac{2x-1}{x-2} \leqq x+2$        (2) $\sqrt{3x-5} < \dfrac{1}{2}x$

**2** 関数 $y = \dfrac{ax+b}{3x-2}$ のグラフが点 $(-2, 0)$ を通り，直線 $y=-1$ を漸近線にもつとき，定数 $a$, $b$ の値を求めよ。

**3** 次の関数の逆関数を求めよ。

(1) $y = \dfrac{2x+5}{x+3}$        (2) $y = 2^x - 2^{-x}$

**4** 関数 $f(x) = \log_2 x$, $g(x) = 8^x$ について，次のものを求めよ。

(1) $(g \circ f)(x)$        (2) $(f \circ g)(x)$

**5** 関数 $f(x) = ax+b$, $g(x) = x+c$ について，$(f \circ g)(x) = 4x-11$, $f^{-1}(-3) = -1$ が成り立つとき，定数 $a$, $b$, $c$ の値を求めよ。

**6** 次の極限を調べよ。

(1) $\displaystyle\lim_{n\to\infty} \dfrac{(n+1)(n-2)}{n+3}$        (2) $\displaystyle\lim_{n\to\infty}(n^2 - 5n^3)$

(3) $\displaystyle\lim_{n\to\infty}\sqrt{n}\,(\sqrt{n+5} - \sqrt{n})$

**7** 第 $n$ 項 $a_n$ が $\log_2 n < a_n < \log_2 2n$ を満たす数列 $\{a_n\}$ について，$\displaystyle\lim_{n\to\infty}\dfrac{a_{2n}}{a_n}$ を求めよ。

**8** 次の極限を調べよ。

(1) $\displaystyle\lim_{n\to\infty}\dfrac{2^{n-1} - 3^{n+1}}{2^n + 3^n}$    (2) $\displaystyle\lim_{n\to\infty}\dfrac{2^{2n}}{2^n - 3^{n-1}}$    (3) $\displaystyle\lim_{n\to\infty}(5^n - 6^{n+1})$

(4) $\displaystyle\lim_{n\to\infty}(-1)^n\dfrac{1 - 2^n}{1 + 2^n}$    (5) $\displaystyle\lim_{n\to\infty}\dfrac{1 - 3r^{n+3}}{2 + r^n}$

**9** 次の漸化式で定められる数列の極限値を求めよ。

$$a_1 = 2, \quad a_{n+1} = \dfrac{1}{3}a_n + \left(\dfrac{1}{2}\right)^n$$

**10** 次の無限級数の収束，発散について調べ，収束するときはその和を求めよ。

(1) $\log_{10}\dfrac{2}{1}+\log_{10}\dfrac{3}{2}+\log_{10}\dfrac{4}{3}+\cdots\cdots$

(2) $-\dfrac{1}{3}+\dfrac{2}{5}-\dfrac{2}{5}+\dfrac{3}{7}-\dfrac{3}{7}+\dfrac{4}{9}-\dfrac{4}{9}+\cdots\cdots$

**11** 無限等比級数 $\displaystyle\sum_{n=1}^{\infty}x\left(\dfrac{1}{1-x}\right)^{n-1}$ が収束するような $x$ の値の範囲を求めよ。また，そのときの和を求めよ。

**12** 無限級数 $\displaystyle\sum_{n=1}^{\infty}\dfrac{3^n-2^n+n}{4^n}$ の和を求めよ。ただし，$|r|<1$ のとき $\displaystyle\lim_{n\to\infty}nr^n=0$ であることを用いてよい。

**13** 次の極限を調べよ。

(1) $\displaystyle\lim_{x\to1}(2x^2+5x-1)$

(2) $\displaystyle\lim_{x\to-2}\dfrac{x^2-x-6}{x^3+8}$

(3) $\displaystyle\lim_{x\to3}\dfrac{x-3}{\sqrt{2x+3}-3}$

(4) $\displaystyle\lim_{x\to\infty}\dfrac{-x^3+x^2-1}{3x^2+2x-7}$

(5) $\displaystyle\lim_{x\to2}\dfrac{x^2-4}{|x-2|}$

(6) $\displaystyle\lim_{x\to-\infty}(\sqrt{4x^2-3x}+2x)$

**14** 次の極限を調べよ。

(1) $\displaystyle\lim_{x\to\infty}\dfrac{2^{2x+1}-3^x}{4^x+2^{x+2}}$

(2) $\displaystyle\lim_{x\to\infty}\{\log_2(4x^2-x)-\log_2(x^2+2)\}$

(3) $\displaystyle\lim_{x\to0}x^2\cos\dfrac{1}{x}$

(4) $\displaystyle\lim_{x\to0}\dfrac{\sin2x}{\sin7x}$

(5) $\displaystyle\lim_{x\to0}\dfrac{1-\cos3x}{x^2}$

**15** 関数 $f(x)$ が連続で，$f(-1)=0$，$f(0)=1$，$f(1)=0$，$f(2)=5$ を満たすとき，方程式 $f(x)=x^2$ は $-1<x<2$ の範囲に少なくとも 3 つの実数解をもつことを示せ。

**16** 次の極限値を求めよ。ただし，[ ] はガウス記号である。

$\displaystyle\lim_{x\to\infty}\dfrac{[2x]+1}{x}$

**思考力 17** $a_1=1$, $a_{n+1}=\dfrac{1}{2}\left(a_n{}^2+\dfrac{3}{4}\right)$ で定められる数列 $\{a_n\}$ について，次の問いに答えよ。

(1) $0\leqq a_n\leqq1$ が成り立つことを示せ。　(2) $\displaystyle\lim_{n\to\infty}a_n$ を求めよ。

**18** O を原点とする座標平面において，点 A$(3,\ 0)$ と第 1 象限内の点 P$(x,\ y)$ があり，$\angle$POA$=\theta$，$\angle$PAO$=2\theta$ とする。このとき，次の問いに答えよ。

(1) $x$ を $\theta$ を用いて表せ。　(2) $\displaystyle\lim_{\theta\to0}x$ を求めよ。

**19** 次の関数を微分せよ。

(1) $y = \dfrac{(x\sqrt{x}-1)^2}{x}$

(2) $y = (x^2-2x)(x^2+x+1)$

(3) $y = \dfrac{2x^2-1}{x^2+1}$

(4) $y = \sqrt{\dfrac{x+1}{x^2+1}}$

**20** 方程式 $x^3-3xy+y^3=1$ で定められる $x$ の関数 $y$ について，$\dfrac{dy}{dx}$ を求めよ。

**21** $x$ の関数 $y$ が $x\tan y = -1$ を満たしているとき，$\dfrac{dy}{dx}$ を $x$ で表せ。

**22** 次の関数を微分せよ。

(1) $y = \sin^3 x \cos^3 x$

(2) $y = e^{-2x}\sin 3x$

(3) $y = e^x\sqrt{1+e^x}$

(4) $y = \sin x \log(\sin x)$

(5) $y = \log_a(x+\sqrt{x^2-a})$

(6) $y = \log\dfrac{2+\sqrt{e^{2x}+1}}{2-\sqrt{e^{2x}+1}}$

**23** 次の等式が成り立つことを数学的帰納法によって証明せよ。

$$y = \log x \text{ のとき，} y^{(n)} = (-1)^{n-1}\dfrac{(n-1)!}{x^n}$$

**24** 多項式 $f(x)$ が $3f(x)-xf'(x)+f''(x)=0$ を満たしているとき，次の問いに答えよ。

(1) $f(x)$ の次数を求めよ。

(2) $f(1)=-2$ のとき，$f(x)$ を求めよ。

**25** 次の曲線上の点 P における接線と法線の方程式を求めよ。

(1) $y = x - \dfrac{1}{x}$, $\mathrm{P}\left(2, \dfrac{3}{2}\right)$

(2) $y = \log(1+x^2)$, $\mathrm{P}(1, \log 2)$

**26** 曲線 $y = 2\sqrt{x}$ について，次の直線の方程式を求めよ。

(1) 傾きが 2 の接線

(2) 点 $(2, 1)$ を通る法線

**27** 次の曲線上の点 P における接線と法線の方程式を求めよ。

(1) $x^2+2y^2=1$, $\mathrm{P}\left(\dfrac{1}{3}, \dfrac{2}{3}\right)$

(2) $\dfrac{x^2}{8}-\dfrac{y^2}{4}=1$, $\mathrm{P}(4, -2)$

**28** $t$ を媒介変数として $x=\sin t+\cos t,\ y=\sin t\cos t$ で表される曲線について，次の直線の方程式を求めよ。

(1) $t=\dfrac{\pi}{3}$ に対応する点 P における接線

(2) $t=\dfrac{\pi}{4}$ に対応する点 Q における法線

**29** 平均値の定理を利用して，次の極限値を求めよ。

$$\lim_{x\to +0}\frac{e^x-e^{\sin x}}{x-\sin x}$$

**30** 次の関数の増減を調べて，極値があれば求めよ。

(1) $f(x)=\dfrac{x}{e^x}$ 

(2) $f(x)=x^3\sqrt{4-x^2}$

(3) $f(x)=x\log|x|$ 

(4) $f(x)=\dfrac{1}{2}x^2-2x+\log x$

**31** 関数 $f(x)=(x^2+ax+a)e^{-x}$ の極小値が $0$ となるように，定数 $a$ の値を定めよ。

**32** 次の関数の増減，極値，曲線の凹凸，変曲点を調べて，そのグラフをかけ。

(1) $y=\dfrac{x}{\log x}$ 

(2) $y=\dfrac{\sin x}{1+\sin x}\ \left(-\dfrac{\pi}{2}<x<\dfrac{3}{2}\pi\right)$

**33** 2曲線 $y=x^2,\ y=\dfrac{1}{x}$ のどちらにも接する直線の方程式を求めよ。

**34** 次の関数の最大値，最小値を求めよ。また，そのときの $x$ の値を求めよ。

(1) $y=\cos^3 x+\cos 2x\quad(0\leqq x\leqq 2\pi)$

(2) $y=x^2e^x\quad(-3\leqq x\leqq 1)$

**35** 次の不等式がつねに成り立つような定数 $a$ の値の範囲を求めよ。

$\quad x>0$ のとき $a\sqrt{x}>\log x$

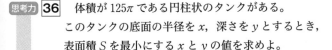 **36** 体積が $125\pi$ である円柱状のタンクがある。

このタンクの底面の半径を $x$，深さを $y$ とするとき，
表面積 $S$ を最小にする $x$ と $y$ の値を求めよ。

# 積分法

**37** 次の不定積分を求めよ。

(1) $\displaystyle \int \frac{(\sqrt[4]{x^3}-1)^2}{x}dx$

(2) $\displaystyle \int \left(\tan x + \frac{1}{\cos^3 x}\right)\cos x\, dx$

(3) $\displaystyle \int \frac{(e^t-1)^3}{e^t}dt$

(4) $\displaystyle \int \frac{dx}{1-4x}$

(5) $\displaystyle \int \frac{4x}{\sqrt{1-2x}}dx$

(6) $\displaystyle \int (4x-3)\log 2x\, dx$

**38** 次の定積分を求めよ。

(1) $\displaystyle \int_1^2 \frac{x-2}{\sqrt[3]{x}}dx$

(2) $\displaystyle \int_{\frac{\pi}{4}}^{\frac{\pi}{2}} \sin\theta(\sin\theta - 2\cos\theta)d\theta$

(3) $\displaystyle \int_1^5 \frac{dx}{3x-1}$

(4) $\displaystyle \int_1^2 \frac{x-2}{x(x-4)}dx$

(5) $\displaystyle \int_{-\frac{1}{2}}^{\frac{1}{2}} \sqrt{1-4x^2}\, dx$

(6) $\displaystyle \int_1^e \frac{\log x}{x^2}dx$

**39** 次の関数を $x$ について微分せよ。

(1) $\displaystyle y=\int_1^x (x^2+2xt+1)dt$

(2) $\displaystyle y=\int_0^x \sin(x+t)dt$

**40** 次の等式を満たす関数 $f(x)$ と定数 $a$ の値を求めよ。

$$\int_1^x f(t)dt=(x+a)e^{-x}$$

**41** 次の等式を満たす関数 $f(x)$ を求めよ。

$$f(x)=\log x + 2\int_1^e xf(t)dt$$

**42** 次の極限値を求めよ。

(1) $\displaystyle \lim_{n\to\infty} \log\left\{\left(1+\frac{1}{n}\right)\left(1+\frac{2}{n}\right)\left(1+\frac{3}{n}\right)\cdots\left(1+\frac{n}{n}\right)\right\}^{\frac{1}{n}}$

(2) $\displaystyle \lim_{n\to\infty}\left\{\frac{n^2}{n^3}+\frac{n^2}{(n+1)^3}+\frac{n^2}{(n+2)^3}+\cdots+\frac{n^2}{(2n-1)^3}\right\}$

**43** 次の不等式を証明せよ。ただし，$n$ は自然数とする。

$$1+\frac{1}{3}+\frac{1}{5}+\frac{1}{7}+\cdots+\frac{1}{2n-1}>\frac{1}{2}\log(2n+1)$$

**44** 次の曲線や直線で囲まれた図形の面積 $S$ を求めよ。

(1) $y=\dfrac{-x+2}{x+2}$, $x$ 軸, $y$ 軸

(2) $y=\sqrt[3]{(x-1)^2}$ $(x \geqq 1)$, $y=1$, $y=2$, $y$ 軸

**45** 曲線 $y=\sqrt{2x-2}$ と，この曲線に点 $(-1, 0)$ から引いた接線，および $x$ 軸で囲まれた図形の面積 $S$ を求めよ。

**46** 次の曲線や直線で囲まれた図形を $x$ 軸のまわりに 1 回転させてできる立体の体積 $V$ を求めよ。

(1) $y=\sin x+\cos x$ $\left(-\dfrac{\pi}{4}\leqq x\leqq\dfrac{3}{4}\pi\right)$, $x$ 軸

(2) $y=x^2-1$, $y=x+1$

**47** 次の曲線や直線で囲まれた図形を $y$ 軸のまわりに 1 回転させてできる立体の体積 $V$ を求めよ。

(1) $y=(1-x)^3$, $x$ 軸, $y$ 軸      (2) $y=-x^2+2$, $y=-x$

**48** 媒介変数で表された曲線

$x=\cos\theta$, $y=\sin 2\theta$ $\left(0\leqq\theta\leqq\dfrac{\pi}{2}\right)$

と $x$ 軸で囲まれた図形の面積 $S$ を求めよ。

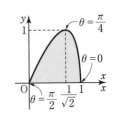

**49** 次の曲線の長さ $L$ を求めよ。

(1) $x=\cos\theta+\theta\sin\theta$, $y=\sin\theta-\theta\cos\theta$ $(0\leqq\theta\leqq 2\pi)$

(2) $y=\dfrac{1}{8}x^2-\log x$ $(1\leqq x\leqq 3)$

**思考力** **50** 次の問いに答えよ。

(1) 曲線 $y=\sqrt{x}$ と直線 $y=x$ の $0\leqq x\leqq 1$ の部分で囲まれた図形を $x$ 軸のまわりに 1 回転させてできる立体の体積 $V$ を求めよ。

(2) 次の曲線や直線の $0\leqq x\leqq 1$ の部分で囲まれた図形を $x$ 軸のまわりに 1 回転させてできる立体の体積が(1)で求めた $V$ と等しいとき，□ にあてはまる式を下の①～⑦の中からすべて選べ。

  (i) 曲線 □ ア □, $x$ 軸

  (ii) 曲線 □ イ □, 直線 $y=x+1$

  (iii) 曲線 $y=\sqrt{x+1}$, 曲線 □ ウ □

  ① $y=(\sqrt{x}-x)^2$      ② $y=\sqrt{3x+1}$      ③ $y=\sqrt{x-x^2}$

  ④ $y=-\sqrt{x-x^2}$         ⑤ $y=\sqrt{2x^2+x+1}$

  ⑥ $(x-1)^2+y^2=2$ $(y\geqq 0)$      ⑦ $x^2-y^2=-1$ $(y\geqq 0)$

# 数学Ⅲ

**1** (1) $x=0,$
$y=0$

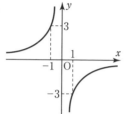

(2) $x=-1,$
$y=0$

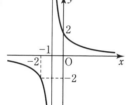

(3) $x=0,$
$y=3$

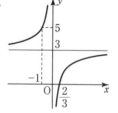

(4) $x=2,$
$y=-1$

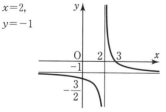

(5) $x=-3,$
$y=1$

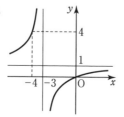

(6) $x=\dfrac{3}{2},$
$y=1$

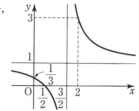

**2** (1)

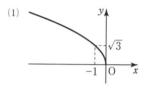

定義域 $x\leqq0,$ 値域 $y\geqq0$

(2)

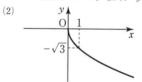

定義域 $x\geqq0,$ 値域 $y\leqq0$

(3)

定義域 $x\geqq3,$ 値域 $y\geqq0$

(4)

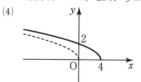

定義域 $x\leqq4,$ 値域 $y\geqq0$

(5)

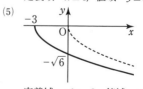

定義域 $x\geqq-3,$ 値域 $y\leqq0$

(6)

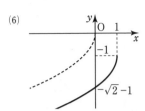

定義域 $x \leqq 1$, 値域 $y \leqq -1$

**3** (1) $x=3$ のとき 最大値 $1$

$x=1$ のとき 最小値 $0$

(2) $x=1$ のとき 最大値 $\dfrac{5}{2}$

$x=3$ のとき 最小値 $\dfrac{11}{8}$

**4** (1) $0 \leqq x \leqq 3$

(2) $-4 \leqq x \leqq -\dfrac{5}{2}$

**5** (1)

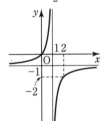

(2)

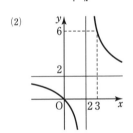

**6** $a=\dfrac{1}{2}$, $b=-\dfrac{5}{2}$

**7** (1) $y=-\dfrac{1}{x-1}+3$

(2) $y=\dfrac{3}{x-2}-1$

**8** (1) $x \leqq -6$, $-2 < x \leqq -1$

(2) $x < \dfrac{5}{9}$

**9** $a=2$, $b=-2$

**10** (1) $y=\dfrac{1}{2}x+\dfrac{3}{2}$

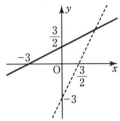

(2) $y=x^2+3$ $(x \geqq 0)$

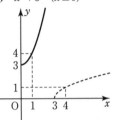

(3) $y=\dfrac{2x}{x-1}$

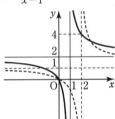

(4) $y=\sqrt{x+4}$

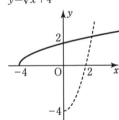

(5) $y=\log_3 x$

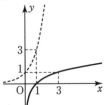

(6) $y=2^x-1$

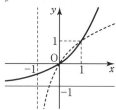

**11** $a=2,\ b=-3$

**12** $y=-\dfrac{2x+1}{x-1}$

定義域 $-2\leqq x\leqq\dfrac{1}{4}$, 値域 $-1\leqq y\leqq 2$

**13** (1) $(g\circ f)(1)=6$
$(f\circ g)(1)=8$
(2) $(g\circ f)(x)=9x^2-6x+3$
$(f\circ g)(x)=3x^2+5$
(3) $(f\circ f)(x)=9x-4$
(4) $(f\circ f^{-1})(x)=x$

**14** $a=2,\ b=-1$ または $a=-2,\ b=3$

**15** $1\leqq y<2,\ 2<y\leqq 4$

**16** $p=-2$

**17** $(3,\ 3)$

**18** $k>-\dfrac{3}{4}$

**19** $a<-1,\ \dfrac{-1+\sqrt{5}}{2}<a$ のとき　0 個

$a=\dfrac{-1+\sqrt{5}}{2},\ -1\leqq a\leqq 0$ のとき 1 個

$0<a<\dfrac{-1+\sqrt{5}}{2}$ のとき　　　2 個

**20** $a=3,\ b=-5$

**21** (1) $a=1,\ b=-2,\ c=3$
(2) $(g\circ f)(x)=x\quad\left(x\neq-\dfrac{1}{2}\right)$
$(g\circ g)(x)=\dfrac{x-4}{8x-7}\quad\left(x\neq\dfrac{3}{2},\ \dfrac{7}{8}\right)$

**22** $a=-3,\ b=-2,\ c=-1$

**23** $a=25$

**24** (1)

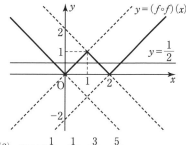

(2) $x=-\dfrac{1}{2},\ \dfrac{1}{2},\ \dfrac{3}{2},\ \dfrac{5}{2}$

**25** (1) 正の無限大に発散する
(2) 0 に収束する
(3) 0 に収束する
(4) 振動する

**26** (1) 0 (2) 1 (3) 1

**27** (1) 1 (2) 0 (3) $\infty$

**28** (1) $\infty$ (2) $-\infty$ (3) $\infty$

**29** (1) $\infty$ (2) 0 (3) 4

**30** (1) 0 (2) 0 (3) 0

**31** (1) $-1$ (2) $\dfrac{1}{2}$ (3) $\dfrac{1}{3}$ (4) 1

**32** $\dfrac{\sqrt{2}}{2}$

**33** (1) 0 (2) 0

**34** (1) $a_n=-(-2)^n$, 振動する
(2) $a_n=\left(-\dfrac{1}{3}\right)^{n-1}$, $\displaystyle\lim_{n\to\infty}a_n=0$
(3) $a_n=6\cdot\left(\dfrac{2}{3}\right)^{n-1}$, $\displaystyle\lim_{n\to\infty}a_n=0$
(4) $a_n=(\sqrt{5})^n$, $\displaystyle\lim_{n\to\infty}a_n=\infty$

**35** (1) 0 (2) 3 (3) $\infty$
(4) $-\infty$ (5) $\infty$ (6) 振動する

**36** (1) $0\leqq x<\dfrac{2}{3}$
(2) $2-\sqrt{5}\leqq x<2-\sqrt{3}$,
$2+\sqrt{3}<x\leqq 2+\sqrt{5}$

**37** (1) 0 (2) $\dfrac{1}{3}$ (3) 振動する (4) $r$

**38** (1) 7 (2) 0

**39** (1) $|r|<1$ のとき　$\dfrac{1}{2}$

$|r|>1$ のとき　$-1$

$r=1$ のとき　3

$r=-1$ のとき　振動する

(2) $0 \leqq \theta < \dfrac{\pi}{2}$, $\dfrac{\pi}{2} < \theta < \dfrac{3}{2}\pi$,

$\dfrac{3}{2}\pi < \theta < 2\pi$ のとき 1

$\theta = \dfrac{\pi}{2}$ のとき $\dfrac{1}{3}$

$\theta = \dfrac{3}{2}\pi$ のとき 振動する

**40** (1) 3 (2) $\dfrac{5}{2}$ (3) 0

**41** $\dfrac{7}{2}$

**42** (1) 収束し，その和は $\dfrac{1}{4}$

(2) 発散する

**43** (1) 偽，反例略 (2) 真 (3) 真
**44** (1) 略 (2) 略
**45** (1) 収束し，その和は $\dfrac{1}{2}$

(2) 収束し，その和は $\dfrac{3}{4}$

**46** (1) 発散する

(2) 収束し，その和は $\dfrac{1}{2}$

(3) 発散する

**47** (1) 収束し，その和は $-\dfrac{1}{2}$

(2) 発散する

**48** (1) 収束し，その和は $\dfrac{3}{4}$

(2) 発散する

(3) 収束し，その和は $\dfrac{5}{4}$

(4) 発散する

**49** 初項 6，公比 $-\dfrac{1}{2}$

**50** (1) $-\dfrac{1}{2} < x < \dfrac{1}{2}$

(2) $0 \leqq x < 1$

**51** (1) $\dfrac{26}{111}$ (2) $\dfrac{73}{55}$

**52** (1) 収束し，その和は $\dfrac{9}{4}$

(2) 収束し，その和は $\dfrac{4}{5}$

**53** $2 + \sqrt{2}$

**54** (1) $a_{n+1} = \dfrac{1}{3}a_n$ (2) $\dfrac{9}{8}\pi r^2$

**55** (1) 略 (2) 略 (3) 略

**56** (1) $p_1 = \dfrac{1}{6}$, $p_2 = \dfrac{5}{18}$, $p_3 = \dfrac{19}{54}$

(2) $p_{n+1} = \dfrac{2}{3}p_n + \dfrac{1}{6}$

(3) $\dfrac{1}{2}$

**57** $c = \dfrac{1}{4}$

**58** $\dfrac{3}{4}$

**59** (1) $\dfrac{1}{2}k(k-1)+1 \leqq n \leqq \dfrac{1}{2}k(k+1)$

(2) $\sqrt{2}$

**60** (1) 14 (2) $-6$ (3) $\dfrac{7}{3}$

(4) 5 (5) $-\dfrac{5}{3}$ (6) $-\dfrac{1}{2}$

**61** (1) $\dfrac{1}{4}$ (2) 6 (3) $\dfrac{3}{2}$

**62** (1) $\infty$ (2) $-\infty$ (3) $\infty$
**63** (1) $\infty$ (2) 2 (3) $-\infty$
**64** (1) 0 (2) 1 (3) $\infty$
**65** (1) 3 (2) $\dfrac{1}{2}$ (3) $-\infty$

(4) 0 (5) $-1$ (6) $-\infty$

**66** (1) $a = -1$, $b = -2$

(2) $a = 6$, $b = -6$

**67** (1) $-2$ (2) 2

**68** (1) 2 (2) $-\dfrac{1}{2}$

**69** (1) $-1$ (2) 1 (3) 1
**70** (1) 0 (2) 1
**71** (1) 0 (2) 0 (3) 0

**72** (1) $\dfrac{2}{5}$ (2) 2 (3) $\dfrac{1}{2}$

(4) $\dfrac{3}{4}$ (5) $\dfrac{1}{2}$ (6) 1

**73** (1) 1 (2) $\dfrac{1}{3}$ (3) 2

**74** (1) 2 (2) 1 (3) 2

**75** (1) $\dfrac{\pi}{180}$ (2) 1

**76** (1) $-\pi$ (2) $-1$ (3) $-2$
**77** (1) 1 (2) $2r$
**78** (1) 連続である (2) 連続である
**79** 略

数III
こたえ

**80** (1) 略 (2) 略 (3) 略 (4) 略

**81** $a=3$

**82** 連続である

**83** (1)

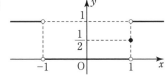

(2)

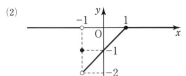

**84** $a=1$

**85** 略

**86** $x=-1$ で不連続である

$x=0$ で不連続である

$x=1$ で連続である

**87** $a=0,\ b=1$

**88** (1) $a=36,\ b=24$

(2) $a=1,\ b=1$

**89** $f(x)=3x^2-2x-1$

**90** (1) $0$ (2) $1$

**91** (1) $R_6=1,\ r_6=\dfrac{1}{3}$

(2) $\displaystyle\lim_{m\to\infty}mR_m=\pi,\ \lim_{n\to\infty}nr_n=\pi$

**92** (1) $-\dfrac{1}{(x+2)^2}$ (2) $-\dfrac{2}{x^3}$

(3) $\dfrac{1}{\sqrt{2x-1}}$

**93** (1) $-2x^{-3}$ (2) $\dfrac{1}{3\sqrt[3]{x^2}}$ (3) $\dfrac{3}{2}\sqrt{x}$

(4) $\dfrac{1}{x^2}$ (5) $-\dfrac{4}{x^5}$ (6) $-\dfrac{2}{3x^3\sqrt[3]{x^2}}$

**94** (1) $4x+1$ (2) $6x^2+4x-3$

(3) $6x^2-6x+3$ (4) $12x^3-3x^2+10x-1$

(5) $5x^4+9x^2-4x$ (6) $10x^4+3x^2-10$

**95** (1) $-\dfrac{3}{(3x-1)^2}$ (2) $\dfrac{6}{(4x+3)^2}$

(3) $\dfrac{2}{(2-5x)^2}$ (4) $\dfrac{3}{(x+1)^2}$

(5) $-\dfrac{3(2x-1)}{(x^2-x+2)^2}$ (6) $-\dfrac{2x^2+6x-1}{(x^2+x+2)^2}$

**96** (1) 略, $18x^2+38x+8$

(2) 略, $15x^4-24x^3+6x^2-8x-1$

**97** (1) $\dfrac{x^4-2x^2+9}{x^4}$ (2) $\dfrac{x-4}{2x\sqrt{x}}$

(3) $\dfrac{6x^2+4}{3x^2\sqrt[3]{x}}$

**98** (1) $\dfrac{2x^2-2}{(x^2+x+1)^2}$ (2) $\dfrac{x^4+3x^2+6x}{(x^2+1)^2}$

**99** (1) $x=1$ で連続である

$x=1$ で微分可能でない

(2) $x=1$ で連続である

$x=1$ で微分可能である

**100** (1) $6(2x-3)^2$ (2) $8x(x^2+1)^3$

(3) $-\dfrac{12}{(4x+5)^4}$ (4) $-\dfrac{12x}{(3x^2-1)^3}$

(5) $\dfrac{x}{\sqrt{x^2+3}}$ (6) $-\dfrac{1}{(2x+1)\sqrt{2x+1}}$

**101** (1) $\dfrac{1}{6y-2}$ (2) $\dfrac{(y^2+1)^2}{-2y^2+2y+2}$

(3) $\dfrac{\sqrt{y^2+1}}{y}$

**102** (1) $-\dfrac{x}{y}$ (2) $-\dfrac{4x}{y}$ (3) $\dfrac{4x}{9y}$

**103** (1) $5(x-1)(x+1)(x+4)^2$

(2) $(x^2+x+1)(15x^2+x-1)$

(3) $-\dfrac{2x-3}{(2x+3)^3}$ (4) $-\dfrac{9x^2-5x-7}{(x^2+x+1)^3}$

**104** (1) $\dfrac{324x^3(1-x^2)}{(x^2+1)^5}$ (2) $-\dfrac{2(x^2-2)}{\sqrt{4-x^2}}$

(3) $-\dfrac{x(x^2+3)}{(1+x^2)\sqrt{1+x^2}}$ (4) $\dfrac{\sqrt{x^2-4}-x}{2\sqrt{x^2-4}}$

**105** (1) $\dfrac{16x}{3\sqrt[3]{4x^2+1}}$ (2) $\dfrac{16x}{3\sqrt[3]{4x^2+1}}$

**106** (1) $\dfrac{1+y}{1-x}$ (2) $\dfrac{y+2x}{4y-x}$ (3) $-\left(\dfrac{y}{x}\right)^{\frac{1}{3}}$

**107** (1) $3\cos(3x-1)$

(2) $6(\cos 2x+\sin 3x)$

(3) $\dfrac{12}{\cos^2 4x}$ (4) $\cos 2x-2x\sin 2x$

**108** (1) $\sin 2x$ (2) $-6\cos^2 x\sin x$

(3) $-\dfrac{4\tan^3 x}{\cos^2 x}$ (4) $\cos 2x$

(5) $-5\sin 5x-\sin x$

**109** (1) $\dfrac{3}{3x+2}$ (2) $\dfrac{2x}{x^2-4}$

(3) $\dfrac{1}{x\log 10}$ (4) $\dfrac{3(\log x)^2}{x}$

(5) $\log x+1$ (6) $\dfrac{1-\log x}{x^2}$

**110** (1) $4e^{4x}$ (2) $-xe^{-\frac{1}{2}x^2}$

(3) $-5^{-x}\log 5$ (4) $3^x(1+x\log 3)$

(5) $(2x-1)e^{2x}$ (6) $-x(x-2)e^{-x}$

**111** (1) $\dfrac{5x+1}{4\sqrt[4]{(x-1)^2(x+2)}}$

(2) $\dfrac{(x-17)(x+1)^2}{(x-2)^2(x+3)^3}$

**112** (1) $6\sin^2(2x+1)\cos(2x+1)$

(2) $-\dfrac{\sin x}{2\sqrt{1+\cos x}}$ (3) $\dfrac{\cos x}{\cos^2(\sin x)}$

(4) $-\dfrac{2}{\sin^2 2x}$ (5) $\dfrac{3\sin x}{\cos^4 x}$

(6) $-\dfrac{1}{1+\sin x}$

**113** (1) $-e^{\cos x}\sin x$

(2) $e^x(\sin x+\cos x)$

(3) $\dfrac{1}{\sin 2x}$ (4) $\dfrac{2}{1-x^2}$

(5) $\dfrac{2}{(\sin x+\cos x)^2}$ (6) $-\dfrac{4}{(e^x-e^{-x})^2}$

(7) $2\log 3\cdot 3^{\sin 2x}\cos 2x$ (8) $\dfrac{1}{\sqrt{x^2+4}}$

**114** (1) $x^{\sin x}\left(\cos x\cdot\log x+\dfrac{\sin x}{x}\right)$

(2) $(1-\log x)x^{\frac{1}{x}-2}$

**115** (1) $3t$ (2) $-2\sqrt{1-t^2}$

(3) $-\dfrac{1}{4\sin t}$ (4) $\dfrac{t^2-1}{3t}$

**116** (1) $y''=6x-4$, $y'''=6$

(2) $y''=\dfrac{2}{(x+1)^3}$, $y'''=-\dfrac{6}{(x+1)^4}$

(3) $y''=-4\sin 2x$, $y'''=-8\cos 2x$

(4) $y''=(x^2-4x+2)e^{-x}$
$y'''=-(x^2-6x+6)e^{-x}$

(5) $y''=-2e^x\sin x$
$y'''=-2e^x(\sin x+\cos x)$

(6) $y''=-\dfrac{1}{x^2\log 2}$, $y'''=\dfrac{2}{x^3\log 2}$

**117** (1) 略 (2) 略 (3) 略

**118** $a=3$, $b=-2$, $c=1$

**119** (1) $3^x(\log 3)^n$ (2) $(x+n)e^x$

**120** $f(x)=3x^2-x+3$

**121** (1) $a=-2$, $b=3$ (2) $a=4$, $b=-5$

**122** (1) $-\dfrac{2}{9t^5}$ (2) $-\dfrac{1}{(1-\cos t)^2}$

**123** (1) $a=-5$, $b=4$ (2) $a=\dfrac{1}{2}$, $b=3$

**124** (1) $4f'(a)$ (2) $5f'(a)$

(3) $-a^2f'(a)+2af(a)$

(4) $a^3f'(a)+3a^2f(a)$

**125** (1) 3 (2) 1 (3) 1

**126** (1) $n=3$ (2) $f(x)=2x^3-3x$

**127** (1) 3 (2) $\dfrac{1}{e}$ (3) $\dfrac{1}{e^2}$ (4) $\sqrt{e}$

**128** (1) $\dfrac{x^{n+1}-1}{x-1}$ (2) $\dfrac{(2n-1)\cdot 3^n+1}{4}$

**129** 略

**130** $(n+2)x+1-n$

**131** (1) $p=f'(a)$, $q=f(a)-af'(a)$

(2) 略 (3) $s=-2$, $t=1$

**132** (1) 接線 $y=-2x+2$

法線 $y=\dfrac{1}{2}x+\dfrac{9}{2}$

(2) 接線 $y=-x+4$
法線 $y=x$

(3) 接線 $y=\dfrac{1}{4}x+\dfrac{5}{2}$

法線 $y=-4x-6$

(4) 接線 $y=2x-3$

法線 $y=-\dfrac{1}{2}x+2$

(5) 接線 $y=\dfrac{1}{2}x+\dfrac{\sqrt{3}}{2}-\dfrac{\pi}{6}$

　　法線 $y=-2x+\dfrac{\sqrt{3}}{2}+\dfrac{2}{3}\pi$

(6) 接線 $y=x+1-\dfrac{\pi}{2}$

　　法線 $y=-x+1+\dfrac{\pi}{2}$

(7) 接線 $y=x$
　　法線 $y=-x+2e$

(8) 接線 $y=2e^2x-e^2$

　　法線 $y=-\dfrac{1}{2e^2}x+e^2+\dfrac{1}{2e^2}$

**133** (1) $y=-12x+3$

(2) $y=4x+3,\ y=4x-24$

**134** (1) $y=-x+2,\ y=-\dfrac{1}{9}x-\dfrac{2}{3}$

(2) $y=\dfrac{e^2}{4}x$ (3) $y=(\log 2+1)x-2$

(4) $y=x$

**135** (1) $y=-\dfrac{1}{2}x-1$

(2) $y=-\dfrac{\sqrt{3}}{4}x+2$

(3) $y=-\dfrac{3\sqrt{2}}{4}x-\dfrac{\sqrt{2}}{4}$

(4) $y=-\dfrac{2}{3}x+10$

**136** 略

**137** 接線 $y=-\dfrac{\sqrt{3}}{2}x+2\sqrt{3}$

　　法線 $y=\dfrac{2\sqrt{3}}{3}x+\dfrac{5\sqrt{3}}{6}$

**138** (1) $y=\dfrac{1}{3}x+3$

(2) $y=-\dfrac{5}{3}x-\dfrac{4}{3}$

(3) $y=\dfrac{4}{e^2}x-\dfrac{2}{e^4}$

(4) $y=-\dfrac{\sqrt{3}}{3}x+\dfrac{1}{2}$

(5) $y=\sqrt{3}\,x-\dfrac{2\sqrt{3}}{3}\pi+4$

(6) $y=2\sqrt{2}\,x-2$

**139** (1) $c=\dfrac{9}{4}$ (2) $c=\sqrt{3}$

(3) $c=\log(e-1)$ (4) $c=\dfrac{\pi}{2}$

**140** (1) $y=\dfrac{\sqrt{3}}{3}x+\dfrac{2\sqrt{3}}{3}$

(2) 証明略, 接点 $\left(-\dfrac{1}{2},\ \dfrac{\sqrt{3}}{2}\right)$

**141** (1) 略 (2) 略
**142** (1) 0 (2) 1
**143** (1) $x=0$ のとき　極大値 12
　　　　$x=\pm 2\sqrt{2}$ のとき　極小値 $-4$

(2) $x=1$ のとき　極大値 $\dfrac{1}{2}$

　　$x=-3$ のとき　極小値 $-\dfrac{1}{6}$

(3) $x=1$ のとき　極大値 $\dfrac{1}{e^2}$

　　$x=0$ のとき　極小値 0

(4) $x=\dfrac{7}{6}\pi$ のとき　極大値 $\dfrac{7}{6}\pi+\sqrt{3}$

　　$x=\dfrac{11}{6}\pi$ のとき　極小値 $\dfrac{11}{6}\pi-\sqrt{3}$

**144** (1) $x=1$ のとき　極大値 2
　　　　$x=3$ のとき　極小値 6
(2) 極大値はない
　　$x=2$ のとき　極小値 2
(3) $x=1$ のとき　極大値 1
　　極小値はない
(4) 極大値はない
　　$x=e^{-\frac{1}{3}}$ のとき　極小値 $-\dfrac{1}{3e}$

**145** (1) 略 (2) 略
**146** (1) $x=-\dfrac{3}{2}$ のとき　極大値 $\dfrac{9}{4}$

　　　　$x=-3,\ 0$ のとき　極小値 0
(2) $x=0$ のとき　極大値 2
　　$x=2$ のとき　極小値 0

(3) $x=\pm\dfrac{\sqrt{2}}{2}$ のとき　極大値 $\dfrac{1}{2}$

　　$x=0$ のとき　極小値 0
(4) 極値はない
**147** (1) $k\neq 0$ (2) $k<2$
**148** $a=-8,\ b=6$
**149** $a=3,\ b=-3$
　　$x=0$ のとき　極小値 $-3$
**150** $a=4$

**151** (1) 増減，凹凸の表略

$x=0$ のとき　極大値 $0$

$x=\pm1$ のとき　極小値 $-1$

変曲点 $\left(-\dfrac{\sqrt{3}}{3},\ -\dfrac{5}{9}\right),\left(\dfrac{\sqrt{3}}{3},\ -\dfrac{5}{9}\right)$

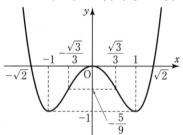

(2) 増減，凹凸の表略

極大値はない

$x=2$ のとき　極小値 $-14$

変曲点 $(-1,\ 13),\ (1,\ -3)$

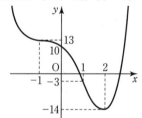

**152** (1) 増減，凹凸の表略

$x=0$ のとき　極大値 $1$

極小値はない

変曲点 $\left(-\dfrac{\sqrt{6}}{3},\ \dfrac{3}{4}\right),\left(\dfrac{\sqrt{6}}{3},\ \dfrac{3}{4}\right)$

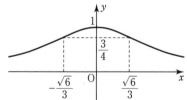

(2) 増減，凹凸の表略

$x=\sqrt{2}$ のとき　極大値 $\sqrt{2}$

$x=-\sqrt{2}$ のとき　極小値 $-\sqrt{2}$

変曲点 $\left(-\sqrt{6},\ -\dfrac{\sqrt{6}}{2}\right),\ (0,\ 0)$,

$\left(\sqrt{6},\ \dfrac{\sqrt{6}}{2}\right)$

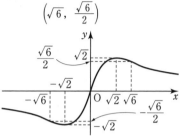

**153** (1) 増減，凹凸の表略

極大値はない

$x=-1$ のとき　極小値 $-\dfrac{1}{e}$

変曲点 $\left(-2,\ -\dfrac{2}{e^2}\right)$

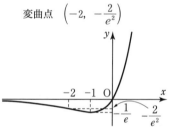

(2) 増減，凹凸の表略

$x=e$ のとき　極大値 $\dfrac{1}{e}$

極小値はない

変曲点 $\left(e^{\frac{3}{2}},\ \dfrac{3}{2}e^{-\frac{3}{2}}\right)$

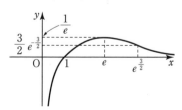

**154** (1) $x=3$ のとき　極大値 $\dfrac{27}{e^3}$

極小値はない

(2) $x=\dfrac{\pi}{4}$ のとき　極大値 $\dfrac{\sqrt{2}}{2}e^{\frac{\pi}{4}}$

$x=\dfrac{5}{4}\pi$ のとき　極小値 $-\dfrac{\sqrt{2}}{2}e^{\frac{5}{4}\pi}$

**155** (1) 増減，凹凸の表略

$x=1$ のとき　極大値 $2$

$x=3$ のとき　極小値 $6$

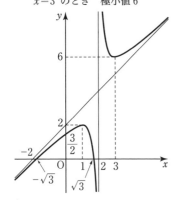

(2) 増減，凹凸の表略

$x=-2$ のとき　極大値 $-1$

$x=0$ のとき　極小値 $3$

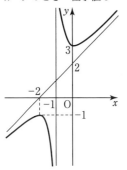

(3) 増減，凹凸の表略

$x=0$ のとき　極大値 $-2$

極小値はない

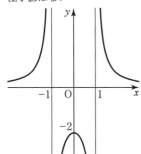

(4) 増減，凹凸の表略

$x=-\sqrt{3}$ のとき　極大値　$-\dfrac{3\sqrt{3}}{2}$

$x=\sqrt{3}$ のとき　極小値　$\dfrac{3\sqrt{3}}{2}$

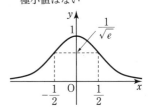

**156** (1) 増減，凹凸の表略

$x=0$ のとき　極大値 $1$

極小値はない

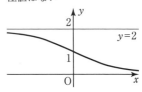

(2) 増減，凹凸の表略

極値はない

**157** (1) 増減，凹凸の表略

$x=\dfrac{\sqrt{2}}{2}$ のとき　極大値 $\dfrac{1}{2}$

$x=-\dfrac{\sqrt{2}}{2}$ のとき　極小値 $-\dfrac{1}{2}$

(2) 増減，凹凸の表略

$x=-\dfrac{\sqrt{2}}{2}$ のとき 極大値 $\sqrt{2}$

極小値はない

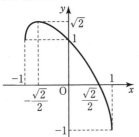

**158** (1) 増減，凹凸の表略

極値はない

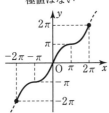

(2) 増減，凹凸の表略

$x=\dfrac{\pi}{2}$ のとき 極大値 1

$x=\dfrac{3}{2}\pi$ のとき 極小値 $-3$

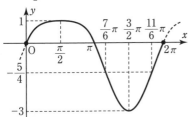

**159** $a<-\sqrt{3},\ \sqrt{3}<a$

**160** $a=-1,\ b=1$

**161** $k=\dfrac{1}{2}+\dfrac{1}{2}\log 2$

$y=\dfrac{\sqrt{2}}{2}x+\dfrac{\sqrt{2}}{4}\log 2+\dfrac{\sqrt{2}}{2}$

**162** (1) 曲線① $y=e^{s}x-(s-1)e^{s}$

曲線② $y=\dfrac{1}{e^{t}}x-(t+1)\dfrac{1}{e^{t}}$

(2) $y=ex$

**163**

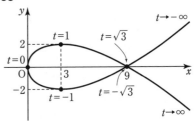

**164** (1) $x=4$ のとき 最大値 2

$x=\dfrac{1}{4}$ のとき 最小値 $-\dfrac{1}{4}$

(2) $x=\dfrac{\pi}{6}$ のとき 最大値 $\dfrac{3\sqrt{3}}{4}$

$x=\dfrac{5}{6}\pi$ のとき 最小値 $-\dfrac{3\sqrt{3}}{4}$

**165** (1) $x=1-\sqrt{3}$ のとき 最大値 $\dfrac{1+\sqrt{3}}{4}$

$x=1+\sqrt{3}$ のとき 最小値 $\dfrac{1-\sqrt{3}}{4}$

(2) 最大値はない

$x=0$ のとき 最小値 0

(3) $x=\dfrac{3}{2}$ のとき 最大値 $\dfrac{3\sqrt{3}}{4}$

$x=0,\ 2$ のとき 最小値 0

(4) 最大値はない

$x=1$ のとき 最小値 $-2$

**166** $\dfrac{4\sqrt{3}}{3}$

**167** (1) 最大値はない

$x=\dfrac{1}{\sqrt{e}}$ のとき 最小値 $-\dfrac{1}{2e}$

(2) $x=\sqrt{e}$ のとき 最大値 $\dfrac{1}{2e}$

最小値はない

**168** $a=2$

**169** $k=\sqrt{e}$

**170** (1) $a^{2}(\cos\theta+1)\sin\theta$

(2) $\theta=\dfrac{\pi}{3}$ のとき 最大値 $\dfrac{3\sqrt{3}}{4}a^{2}$

**171** (1) 略 (2) 略

**172** (1) 略 (2) 略

**173** (1) 略 (2) 略

**174** (1) $a<2e$ (2) $a\leqq\sqrt{3}$

**175** $-\dfrac{5}{4}<a<0,\ 2$ 個が正で 2 個が負

**176** (1) $a<0$ のとき $0$ 個

$a=0,\ \dfrac{4}{e^2}<a$ のとき $1$ 個

$0<a<\dfrac{4}{e^2}$ のとき $3$ 個

$a=\dfrac{4}{e^2}$ のとき $2$ 個

(2) $a<-e$ のとき $\qquad 0$ 個

$a=-e,\ a\geqq0$ のとき $1$ 個

$-e<a<0$ のとき $\qquad 2$ 個

**177** 略

**178** $a<-3,\ 1<a$ のとき $2$ 本

$-3<a<1$ のとき $\qquad 0$ 本

$a=-3,\ 1$ のとき $\qquad 1$ 本

**179** (1) $v=3t^2-6t-9,\ \alpha=6t-6$

(2) $t=3$

**180** (1) $\vec{v}=(-4\sin2t,\ 4\cos2t)$

$\vec{\alpha}=(-8\cos2t,\ -8\sin2t)$

(2) $|\vec{v}|=4,\ |\vec{\alpha}|=8$

**181** (1) $1.025$ (2) $0.494$ (3) $0.849$

**182** (1) $1+\dfrac{1}{2}x$ (2) $1-3x$ (3) $1+2x$

**183** (1) $\mathrm{B}(\cos t+\sqrt{25-\sin^2 t},\ 0)$

(2) $-\dfrac{4\sqrt{2}}{7}$

**184** $\dfrac{1}{4}$ (cm/s)

**3**章 積分法

**185** (1) $\dfrac{1}{2}x^6+\dfrac{4}{5}x\sqrt[4]{x}+C$

(2) $\dfrac{3}{5}x\sqrt[3]{x^2}-\dfrac{3}{4}x\sqrt[3]{x}+C$

(3) $\dfrac{1}{2}t^2+\dfrac{4}{3}t\sqrt{t}+t+C$

(4) $\log|x|+\dfrac{4}{x}-\dfrac{2}{x^2}+C$

(5) $\dfrac{1}{3}x^3+\dfrac{4}{3}x\sqrt{x}+\log x+C$

(6) $\dfrac{2}{5}x^2\sqrt{x}-\dfrac{4}{3}x\sqrt{x}+2\sqrt{x}+C$

**186** (1) $-4\cos x-5\sin x+C$

(2) $3\sin x-\cos x-\dfrac{5}{\tan x}+C$

(3) $\tan x+\sin x+C$

(4) $2x-\tan x+C$

**187** (1) $2e^x-\dfrac{1}{4}x^4+C$

(2) $3^x-x+C$

(3) $2e^{\frac{x}{2}}+C$ (4) $\dfrac{2^{x+1}}{\log 2}+C$

**188** (1) $\dfrac{2}{3}x\sqrt{x}-\dfrac{4}{3}\sqrt[4]{x^3}+C$

(2) $\dfrac{16}{3}x\sqrt{x}-12x+12\sqrt{x}-\log x+C$

(3) $\dfrac{2}{3}x\sqrt{x}-\dfrac{6}{7}x\sqrt[6]{x}+C$

(4) $\dfrac{2}{3}x\sqrt{x}-x+C$

**189** (1) $\sin x-\cos x+C$

(2) $x+\sin x+C$

(3) $-\sin x+C$

(4) $x+\cos x+C$

(5) $3\tan x-2x+C$

(6) $-\dfrac{1}{4\tan x}-\dfrac{1}{4}\tan x+C$

**190** (1) $\dfrac{1}{2}e^{2x}+2x-\dfrac{1}{2}e^{-2x}+C$

(2) $\dfrac{2^{2x}}{2\log 2}+\dfrac{2^{x+1}}{\log 2}+x+C$

(3) $\dfrac{3^x}{\log 3}+x+C$

(4) $\dfrac{1}{2}e^{2x}-e^x+x+C$

**191** (1) $\dfrac{1}{15}(3x-1)^5+C$

(2) $\dfrac{3}{8}(2x-5)\sqrt[3]{2x-5}+C$

(3) $-\dfrac{1}{6(2+3x)^2}+C$

(4) $-3\cos\left(\dfrac{1}{3}x+2\right)+C$

(5) $\dfrac{2}{3\pi}\sin\dfrac{3}{2}\pi x+C$

(6) $-\dfrac{1}{2}e^{-2x+1}+C$

(7) $\dfrac{2^{4x-1}}{4\log2}+C$

(8) $-\dfrac{5^{1-x}}{\log5}+C$

(9) $-\dfrac{1}{4}\tan(2-4x)+C$

**192** (1) $\dfrac{1}{80}(2x-1)^4(8x+1)+C$

(2) $\log|x+2|+\dfrac{2}{x+2}+C$

(3) $\dfrac{2}{15}(3x+8)(x+1)\sqrt{x+1}+C$

(4) $\dfrac{2}{3}(x+8)\sqrt{x-4}+C$

**193** (1) $\dfrac{1}{2}\log(x^2+1)+C$

(2) $\log|e^x-1|+C$

(3) $\log(1-\cos x)+C$

(4) $\log|\sin x-\cos x|+C$

(5) $-\log|\cos x|+C$

(6) $\log|2^x-2x|+C$

**194** (1) $\dfrac{1}{3}(x^2-1)\sqrt{x^2-1}+C$

(2) $-\dfrac{1}{5}\cos^5 x+C$

(3) $\log|\log x|+C$

(4) $\dfrac{1}{\cos x}+C$

(5) $-\cos x+\dfrac{1}{3}\cos^3 x+C$

(6) $\dfrac{1}{2}\log(e^{2x}+1)+C$

**195** (1) $-\dfrac{1}{4}\cos^4 x+\dfrac{1}{3}\cos^3 x+\dfrac{1}{2}\cos^2 x$
$-\cos x+C$

(2) $-\dfrac{1}{3}\sin^3 x+\dfrac{1}{2}\sin^2 x+\sin x+C$

(3) $\dfrac{2}{3}(e^x-2)\sqrt{e^x+1}+C$

(4) $\log x-\log|\log x+1|+C$

**196** (1) $\dfrac{1}{4}(2x-1)e^{2x}+C$

(2) $-(2x+3)e^{-x}+C$

(3) $\dfrac{1}{3}x\sin3x+\dfrac{1}{9}\cos3x+C$

(4) $-\dfrac{1}{4}x\cos4x+\dfrac{1}{16}\sin4x+C$

(5) $\dfrac{1}{3}x^3\log x-\dfrac{1}{9}x^3+C$

(6) $(x^2-x)\log x-\dfrac{1}{2}x^2+x+C$

**197** (1) $x\log2x-x+C$

(2) $x\log_3 x-\dfrac{x}{\log3}+C$

(3) $(x-1)\log(x-1)-x+C$

(4) $x\tan x+\log|\cos x|+C$

**198** (1) $(x^2-2x+3)e^x+C$

(2) $x(\log x)^2-2x\log x+2x+C$

**199** (1) $-\dfrac{1}{2}e^{-x}(\sin x+\cos x)+C$

(2) $\dfrac{1}{2}e^{-x}(\sin x-\cos x)+C$

**200** (1) $x\log(x+\sqrt{x^2+1})-\sqrt{x^2+1}+C$

(2) $(e^x+2)\log(e^x+2)-e^x+C$

**201** (i) $\cos^3 x\sin x+\dfrac{3}{8}x-\dfrac{3}{32}\sin4x+C$

(ii) $\dfrac{3}{8}x+\dfrac{1}{4}\sin2x+\dfrac{1}{32}\sin4x+C$

**202** (1) 略

(2) $(x^4-4x^3+12x^2-24x+24)e^x+C$

**203** (1) $x-4\log|x+1|+C$

(2) $x-\log|x|+C$

(3) $\dfrac{1}{2}x^2-2x+3\log|x+1|+C$

(4) $\dfrac{1}{2}\log\left|\dfrac{x-2}{x}\right|+C$

**204** (1) $\dfrac{1}{3}\{(x+1)\sqrt{x+1}-(x-1)\sqrt{x-1}\}+C$

(2) $\dfrac{2}{3}(x+1)\sqrt{x+1}+x+C$

**205** (1) $x+\dfrac{1}{2}\sin2x+C$

(2) $-\dfrac{1}{16}\cos8x-\dfrac{1}{4}\cos2x+C$

(3) $\frac{1}{12}\sin 6x + \frac{1}{4}\sin 2x + C$

(4) $-\frac{1}{10}\sin 5x + \frac{1}{2}\sin x + C$

**206** $a=2$, $b=0$, $c=-1$
$\log\dfrac{x^2+1}{|x+2|}+C$

**207** (1) $\frac{5}{2}\log|x+3| + \frac{1}{2}\log|x-1| + C$

(2) $\log\left|\dfrac{x}{x-1}\right| - \dfrac{1}{x-1} + C$

**208** (1) $(x^2-4)\log(x+2) - \frac{1}{2}x^2 + 2x + C$

(2) $\frac{1}{2}(x^2+1)\log(x^2+1) - \frac{1}{2}x^2 + C$

**209** (1) $\frac{3}{8}x - \frac{1}{4}\sin 2x + \frac{1}{32}\sin 4x + C$

(2) $-\frac{1}{5}\cos^5 x + \frac{2}{3}\cos^3 x - \cos x + C$

**210** (1) $\frac{1}{2}\log\dfrac{e^x}{e^x+2} + C$

(2) $e^x - 2\log(e^x+1) - \dfrac{1}{e^x+1} + C$

(3) $\tan x + \dfrac{1}{\cos x} + C$

(4) $\frac{1}{4}\log\left(\dfrac{2+\sin x}{2-\sin x}\right) + C$

(5) $\frac{1}{2}\log\left(\dfrac{1+\sin x}{1-\sin x}\right) + C$

(6) $\log\left|\dfrac{\sqrt{x+1}-1}{\sqrt{x+1}+1}\right| + C$

**211** (1) $\frac{64}{5}$ (2) 1 (3) $\log 2 + 1$

(4) $\log\frac{4}{3}$ (5) 42 (6) $\frac{4\sqrt{2}}{3}$

**212** (1) $\frac{3}{4}$ (2) $\frac{\pi}{8} - \frac{1}{4}$

(3) $\frac{\pi}{2}$ (4) $\sqrt{3} - \frac{\pi}{3}$

(5) $\frac{4}{\log 5} + e - 1$ (6) $e^4 - \frac{1}{e^4} + 8$

(7) $\frac{\sqrt{2}}{2}$ (8) 1

**213** (1) $\frac{5}{3}$ (2) $\frac{1}{2}\log\frac{4}{3}$

(3) 1 (4) $2 - \frac{1}{2}e^2$

**214** (1) 3 (2) $\frac{1}{e} - \log 3 + 2$ (3) $\frac{5}{2}$

(4) $\frac{4\sqrt{2}}{3} + \frac{2}{3}$ (5) 2 (6) $2\sqrt{2}$

**215** (1) $\sqrt{e} \leqq x \leqq e$ (2) $\frac{1}{2}(e-1)^2$

**216** (1) $\frac{341}{5}$ (2) $\frac{1}{4}$

(3) $-\frac{15}{8}$ (4) $\frac{16\sqrt{2}}{3}$

(5) $\frac{14}{15}$ (6) $\log\dfrac{3(3-\sqrt{5})}{2}$

**217** (1) $\frac{1}{4}$ (2) $\frac{7}{24}$

(3) $\frac{1}{2}(e-1)$ (4) $\log\frac{3}{2}$

(5) $e-1+\log\dfrac{2}{e+1}$ (6) $\log\dfrac{e+1}{e}$

**218** (1) $\frac{9}{4}\pi$ (2) $\frac{\pi}{4} - \frac{1}{2}$

(3) $\frac{\pi}{6}$ (4) $2\pi$

**219** (1) $\frac{\sqrt{2}}{8}\pi$ (2) $\frac{\pi}{4}$

(3) $2\log(\sqrt{2}+1)$

**220** (1) $\frac{2}{15}$ (2) $2-\sqrt{2}$

**221** (1) 略 (2) 略

**222** (1) $\pi$ (2) $-1$ (3) $3\log 3 - 2$

(4) $\frac{1}{4}(e^2+1)$ (5) $\frac{\pi}{2}$ (6) $\frac{1}{9}\left(\dfrac{4}{e^3}-1\right)$

**223** (1) $-\frac{4}{3}$ (2) $\frac{1}{20}(\alpha-\beta)^5$

**224** (1) 1 (2) $\frac{1}{4}(e^2-1)$

**225** (1) $\frac{\pi^2}{16} + \frac{1}{4}$ (2) $\log 2 - \frac{1}{2}$

**226** (1) $I = \frac{1}{4}(\log 2)^2$

(2) $I = \frac{1}{2}\left(1 - e^{-\frac{\pi}{2}}\right)$

**227** (1) $\frac{243}{20}$ (2) $\frac{1}{6}$

**228** (1) 略 (2) 略

**229** (1) $\sqrt{x^2+1}$ (2) $e^x\cos x$

**230** (1) $f(x) = \cos x - x\sin x$

(2) $f(x) = \dfrac{2x}{1+x^2}$

(3) $f(x) = 3x\sin x + x^2\cos x$

(4) $f(x) = -e^{-x}$

**231** $x=1$ のとき 極大値 $0$

$x=2$ のとき 極小値 $\dfrac{5}{4}-2\log 2$

**232** (1) $2\cos^2 2x$

(2) $(9x^2-1)\log x$

**233** (1) $x\sin x-\cos x+1$

(2) $e^x-e$ (3) $\sin x$ (4) $\log 4x$

**234** $f''(x)=\sin x$

**235** (1) $f(x)=e^x+2$

(2) $f(x)=\sin x-\dfrac{3}{4}$

(3) $f(x)=\left(1+\dfrac{e-1}{2}x\right)e^{-x}$

**236** (1) $a=\dfrac{2}{\pi}$

(2) $a=2,\ b=-2$ のとき 最小値 $-3$

**237** 略

**238** 証明略, $I=\dfrac{1}{4}(\pi-1)$

**239** (1) $f(x)=-2\cos x,\ a=2$

(2) $f(x)=(-x^2+2x+4)e^{-x},\ a=\pm 2$

**240** $f(x)=xe^{x-1},\ a=1$

**241** (1) $\dfrac{2}{\pi}$ (2) $2\log 2-1$

(3) $\dfrac{2}{3}$ (4) $\dfrac{\pi}{2}-\dfrac{3\sqrt{3}}{4}$

**242** 略

**243** 略

**244** (1) $\log 2$ (2) $\sqrt{3}-\dfrac{1}{3}$

(3) $\dfrac{1}{2}\log 2$

**245** 略

**246** 略

**247** (1) 略 (2) 略

**248** (1) 略 (2) 略

**249** (1) 略 (2) 略

**250** (1) 略 (2) $\dfrac{2}{3}$

**251** (1) $e^x\sin x$ (2) $0$

**252** (1) 略 (2) $0$

**253** (1) $\dfrac{4\sqrt{2}}{3}$ (2) $1-\dfrac{1}{e}$

(3) $8\log 2$ (4) $\dfrac{\pi}{4}-\dfrac{1}{2}\log 2$

**254** (1) $8-6\log 3$ (2) $\dfrac{e}{2}-1$

**255** (1) $3e^2-3$ (2) $\dfrac{9}{2}$

**256** $\dfrac{27}{4}$

**257** (1) $\dfrac{9\sqrt{3}}{4}$ (2) $2\log 2-1$

**258** (1) $\dfrac{4}{3}$ (2) $12$

**259** $a=\dfrac{\pi}{3}$

**260** $\dfrac{1}{2}\log 2-\dfrac{1}{4}$

**261** (1) $\dfrac{16}{15}\pi$ (2) $\dfrac{16}{105}\pi$ (3) $36\pi$

**262** (1) $\dfrac{8+6\log 3}{3}\pi$

(2) $\dfrac{7}{6}\pi$ (3) $\dfrac{\pi^2}{2}$ (4) $\dfrac{e^4-1}{2}\pi$

**263** (1) $\dfrac{2}{3}\pi$ (2) $\dfrac{e^4-1}{2}\pi$

**264** $\dfrac{\sqrt{3}}{8}\pi$

**265** $32\pi^2$

**266** $\dfrac{16}{105}\pi$

**267** (1) $132\pi$ (2) $\dfrac{2\pi^2+3\sqrt{3}}{8}\pi$

**268** $\dfrac{8}{3}$

**269** $16\pi$

**270** (1) $\dfrac{32}{3}$ (2) $\pi$

**271** (1) $\dfrac{1}{2}e-1$ (2) $2\pi-\dfrac{2}{3}\pi e$

**272** $(2\pi-3\sqrt{3})\pi$

**273** $\dfrac{8\sqrt{2}}{15}\pi$

**274** (1) $e-\dfrac{1}{e}$ (2) $\dfrac{14}{3}$

(3) $\sqrt{2}\left(1-\dfrac{1}{e^\pi}\right)$

**275** (1) $\dfrac{335}{27}$ (2) $3\left(e^2-\dfrac{1}{e^2}\right)$

**276** (1) 位置の変化 $-1$

道のり $3$

(2) 位置の変化 $\dfrac{4}{3}$

道のり $2$

**277** $2\pi$

**278** (1) $-3$ (2) $t=4$

**279** (1) $8$ (2) $6a$

**280** (1) $\dfrac{2}{3}\pi$ (2) $-\dfrac{1}{2}+\log 3$

**281** (1) $x\sin x+\cos x+C$ （$C$ は任意の定数）

(2) $x^2-y^2=C$ （$C$ は任意の定数）

(3) $y=Ce^{x^2}$ （$C$ は任意の定数）

**282** $f(x)=e^{\frac{1}{2}x^2+x-\frac{3}{2}}$

**283** (1) $g'(x)=xe^x$

(2) $f(x)=x+2e^{-x}-1$

**284** $f(x)=2e^x$

**285** $f(x)=\dfrac{3}{x}$

---

# 数学Ⅲ　復習問題

**1** (1) $-1\leqq x<2,\ 3\leqq x$

(2) $\dfrac{5}{3}\leqq x<2,\ 10<x$

**2** $a=-3,\ b=-6$

**3** (1) $y=\dfrac{-3x+5}{x-2}$

(2) $y=\log_2\dfrac{x+\sqrt{x^2+4}}{2}$

**4** (1) $(g\circ f)(x)=x^3$

(2) $(f\circ g)(x)=3x$

**5** $a=4,\ b=1,\ c=-3$

**6** (1) $\infty$ (2) $-\infty$ (3) $\dfrac{5}{2}$

**7** $1$

**8** (1) $-3$ (2) $-\infty$ (3) $-\infty$

(4) 振動する

(5) $|r|<1$ のとき　$\dfrac{1}{2}$

$|r|>1$ のとき　$-3r^3$

$r=1$ のとき　　$-\dfrac{2}{3}$

$r=-1$ のとき　振動する

**9** $0$

**10** (1) 発散する (2) 発散する

**11** $x\leqq 0,\ 2<x$

和は　$x=0$ のとき $0$,

$x<0,\ 2<x$ のとき $x-1$

**12** $\dfrac{22}{9}$

**13** (1) $6$ (2) $-\dfrac{5}{12}$ (3) $3$

(4) $-\infty$ (5) 極限はない (6) $\dfrac{3}{4}$

**14** (1) $2$ (2) $2$ (3) $0$

(4) $\dfrac{2}{7}$ (5) $\dfrac{9}{2}$

**15** 略

**16** $2$

**17** (1) 略 (2) $\dfrac{1}{2}$

**18** (1) $x=\dfrac{3\sin 2\theta\cos\theta}{\sin 3\theta}$ (2) $2$

**19** (1) $2x - \dfrac{1}{\sqrt{x}} - \dfrac{1}{x^2}$

(2) $4x^3 - 3x^2 - 2x - 2$

(3) $\dfrac{6x}{(x^2+1)^2}$

(4) $\dfrac{-x^2-2x+1}{2\sqrt{(x^2+1)^3(x+1)}}$

**20** $\dfrac{dy}{dx} = \dfrac{x^2-y}{x-y^2}$

**21** $\dfrac{dy}{dx} = \dfrac{1}{x^2+1}$

**22** (1) $3\sin^2 x \cos^2 x \cos 2x$

(2) $e^{-2x}(-2\sin 3x + 3\cos 3x)$

(3) $\dfrac{e^x(2+3e^x)}{2\sqrt{1+e^x}}$

(4) $\cos x\{\log(\sin x)+1\}$

(5) $\dfrac{1}{\sqrt{x^2-a}\log a}$

(6) $\dfrac{4e^{2x}}{(3-e^{2x})\sqrt{e^{2x}+1}}$

**23** 略

**24** (1) 3次　(2) $f(x)=x^3-3x$

**25** (1) 接線　$y=\dfrac{5}{4}x-1$

法線　$y=-\dfrac{4}{5}x+\dfrac{31}{10}$

(2) 接線　$y=x-1+\log 2$

法線　$y=-x+1+\log 2$

**26** (1) $y=2x+\dfrac{1}{2}$

(2) $y=-x+3$

**27** (1) 接線　$y=-\dfrac{1}{4}x+\dfrac{3}{4}$

法線　$y=4x-\dfrac{2}{3}$

(2) 接線　$y=-x+2$

法線　$y=x-6$

**28** (1) $y=\dfrac{1+\sqrt{3}}{2}x-\dfrac{4+\sqrt{3}}{4}$

(2) $y=-\dfrac{\sqrt{2}}{2}x+\dfrac{3}{2}$

**29** 1

**30** (1) $x=1$ のとき　極大値 $\dfrac{1}{e}$

極小値はない

(2) $x=\sqrt{3}$ のとき　極大値 $3\sqrt{3}$

$x=-\sqrt{3}$ のとき　極小値 $-3\sqrt{3}$

(3) $x=-\dfrac{1}{e}$ のとき　極大値 $\dfrac{1}{e}$

$x=\dfrac{1}{e}$ のとき　極小値 $-\dfrac{1}{e}$

(4) 極値はない

**31** $a=0,\ 4$

**32** (1) 増減，凹凸の表略

極大値はない

$x=e$ のとき　極小値 $e$

変曲点は $\left(e^2,\ \dfrac{e^2}{2}\right)$

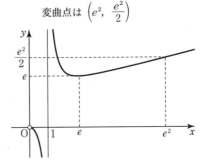

(2) 増減，凹凸の表略

$x=\dfrac{\pi}{2}$ のとき　極大値 $\dfrac{1}{2}$

極小値はない

変曲点はない

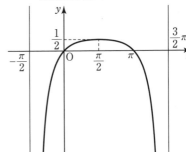

**33** $y=-4x-4$

**34** (1) $x=0,\ 2\pi$ のとき　最大値 2

$x=\dfrac{\pi}{2},\ \dfrac{3}{2}\pi$ のとき　最小値 $-1$

(2) $x=1$ のとき　最大値 $e$

$x=0$ のとき　最小値 0

**35** $a>\dfrac{2}{e}$

**36** $x=\dfrac{5}{\sqrt[3]{2}},\ y=5\sqrt[3]{4}$

**37** (1) $\dfrac{2}{3}x\sqrt{x}-\dfrac{8}{3}\sqrt[4]{x^3}+\log x+C$

(2) $-\cos x+\tan x+C$

(3) $\dfrac{1}{2}e^{2t}-3e^t+3t+\dfrac{1}{e^t}+C$

(4) $-\dfrac{1}{4}\log|1-4x|+C$

(5) $-\dfrac{4}{3}(x+1)\sqrt{1-2x}+C$

(6) $(2x^2-3x)\log 2x-x^2+3x+C$

**38** (1) $\dfrac{12}{5}-\dfrac{9\sqrt[3]{4}}{5}$    (2) $\dfrac{\pi}{8}-\dfrac{1}{4}$

(3) $\dfrac{1}{3}\log 7$    (4) $\dfrac{1}{2}\log\dfrac{4}{3}$

(5) $\dfrac{\pi}{4}$    (6) $1-\dfrac{2}{e}$

**39** (1) $6x^2-2x$

(2) $2\sin 2x-\sin x$

**40** $f(x)=-(x-2)e^{-x},\ a=-1$

**41** $f(x)=\log x+\dfrac{2}{2-e^2}x$

**42** (1) $2\log 2-1$    (2) $\dfrac{3}{8}$

**43** 略

**44** (1) $4\log 2-2$    (2) $\dfrac{3+8\sqrt{2}}{5}$

**45** $\dfrac{4}{3}$

**46** (1) $\pi^2$    (2) $\dfrac{20}{3}\pi$

**47** (1) $\dfrac{\pi}{10}$    (2) $\dfrac{16}{3}\pi$

**48** $\dfrac{2}{3}$

**49** (1) $2\pi^2$    (2) $1+\log 3$

**50** (1) $\dfrac{\pi}{6}$

(2) ア：③，④

イ：②，⑤

ウ：⑥，⑦

エクセル数学Ⅲ

表紙デザイン
エッジ・デザインオフィス

● 編　者──実教出版編修部

● 発行者──小田　良次

● 印刷所──共同印刷株式会社

● 発行所──実教出版株式会社

〒102-8377
東京都千代田区五番町5
電話〈営業〉(03) 3238-7777
〈編修〉(03) 3238-7785
〈総務〉(03) 3238-7700
https://www.jikkyo.co.jp/

002402024　　　　　　ISBN978-4-407-35715-8

# 微 分 法

## 1 微分可能と連続
・関数 $f(x)$ が $x=a$ で微分可能であるならば，$x=a$ で連続である。
・関数 $f(x)$ は $x=a$ で連続であっても，$x=a$ で微分可能とは限らない。

## 2 積と商の微分法
(1) $\{f(x)g(x)\}'=f'(x)g(x)+f(x)g'(x)$

(2) $\left\{\dfrac{f(x)}{g(x)}\right\}'=\dfrac{f'(x)g(x)-f(x)g'(x)}{\{g(x)\}^2}$

$\left\{\dfrac{1}{g(x)}\right\}'=-\dfrac{g'(x)}{\{g(x)\}^2}$

## 3 合成関数の微分法
$y=f(u)$，$u=g(x)$ がともに微分可能であるとき，合成関数 $y=f(g(x))$ の導関数は

$\dfrac{dy}{dx}=\dfrac{dy}{du}\cdot\dfrac{du}{dx}$

すなわち $\{f(g(x))\}'=f'(g(x))g'(x)$

## 4 逆関数の微分法
$\dfrac{dx}{dy}\neq0$ のとき $\dfrac{dy}{dx}=\dfrac{1}{\dfrac{dx}{dy}}$

## 5 三角関数に関する公式
(1) $\sin\alpha\cos\beta=\dfrac{1}{2}\{\sin(\alpha+\beta)+\sin(\alpha-\beta)\}$

$\cos\alpha\sin\beta=\dfrac{1}{2}\{\sin(\alpha+\beta)-\sin(\alpha-\beta)\}$

$\cos\alpha\cos\beta=\dfrac{1}{2}\{\cos(\alpha+\beta)+\cos(\alpha-\beta)\}$

$\sin\alpha\sin\beta=-\dfrac{1}{2}\{\cos(\alpha+\beta)-\cos(\alpha-\beta)\}$

(2) $\sin A+\sin B=2\sin\dfrac{A+B}{2}\cos\dfrac{A-B}{2}$

$\sin A-\sin B=2\cos\dfrac{A+B}{2}\sin\dfrac{A-B}{2}$

$\cos A+\cos B=2\cos\dfrac{A+B}{2}\cos\dfrac{A-B}{2}$

$\cos A-\cos B=-2\sin\dfrac{A+B}{2}\sin\dfrac{A-B}{2}$

## 6 自然対数の底 $e$
$e=\lim\limits_{t\to0}(1+t)^{\frac{1}{t}}=\lim\limits_{x\to\pm\infty}\left(1+\dfrac{1}{x}\right)^x=2.71828\cdots$

## 7 基本的な関数の導関数
(1) $c$ は定数，$\alpha$ は実数のとき
$(c)'=0$，$(x^\alpha)'=\alpha x^{\alpha-1}$

(2) $(\sin x)'=\cos x$，$(\cos x)'=-\sin x$
$(\tan x)'=\dfrac{1}{\cos^2 x}$

(3) $a>0$，$a\neq1$ のとき
$(\log x)'=\dfrac{1}{x}$，$(\log_a x)'=\dfrac{1}{x\log a}$

$(\log|x|)'=\dfrac{1}{x}$，$(\log_a|x|)'=\dfrac{1}{x\log a}$

$(e^x)'=e^x$，$(a^x)'=a^x\log a$

## 8 媒介変数で表された関数の微分
$x=f(t)$，$y=g(t)$ のとき

$\dfrac{dy}{dx}=\dfrac{\dfrac{dy}{dt}}{\dfrac{dx}{dt}}=\dfrac{g'(t)}{f'(t)}$

# 微 分 法 の 応 用

## 1 接線・法線の方程式
曲線 $y=f(x)$ 上の点 $(a,\ f(a))$ における接線の方程式は

$y-f(a)=f'(a)(x-a)$

法線の方程式は，$f'(a)\neq0$ のとき

$y-f(a)=-\dfrac{1}{f'(a)}(x-a)$

## 2 平均値の定理
関数 $f(x)$ が閉区間 $[a,\ b]$ で連続で，開区間 $(a,\ b)$ で微分可能であるとき

$\dfrac{f(b)-f(a)}{b-a}=f'(c)$，$a<c<b$

を満たす実数 $c$ が少なくとも1つ存在する。

## 3 関数の変化とグラフ
(1) $f'(x)>0$ となる区間で $f(x)$ は増加
$f'(x)<0$ となる区間で $f(x)$ は減少

(2) $f''(x)>0$ となる区間で $y=f(x)$ は下に凸
$f''(x)<0$ となる区間で $y=f(x)$ は上に凸

## 4 速度・加速度
(1) 数直線上を運動する点の

速度は $v=\dfrac{dx}{dt}=f'(t)$

加速度は $\alpha=\dfrac{dv}{dt}=\dfrac{d^2x}{dt^2}=f''(t)$

(2) 平面上を運動する点の

速度は $\vec{v}=\left(\dfrac{dx}{dt},\ \dfrac{dy}{dt}\right)$

加速度は $\vec{\alpha}=\left(\dfrac{d^2x}{dt^2},\ \dfrac{d^2y}{dt^2}\right)$

## 5 近似式
(1) $h$ が0に近いとき
$f(a+h)\doteqdot f(a)+f'(a)h$

(2) $x$ が0に近いとき
$f(x)\doteqdot f(0)+f'(0)x$